Spring 响应式微服务
Spring Boot 2+Spring 5+Spring Cloud实战

郑天民◎著

电子工业出版社
Publishing House of Electronics Industry
北京·BEIJING

内 容 简 介

本书主要包含构建响应式微服务架构过程中所应具备的技术体系和工程实践。围绕响应式编程和微服务架构的整合,我们将讨论如何使用 Reactor 响应式编程框架、如何构建响应式 RESTful 服务、如何构建响应式数据访问组件、如何构建响应式消息通信组件、如何构建响应式微服务架构,以及如何测试响应式微服务架构等核心主题,并基于这些核心主题给出具体的案例分析。

本书面向立志于成为微服务架构师(尤其是响应式微服务架构师)的后端服务开发人员,读者不需要有很高的技术水平,也不限于特定的开发语言,但熟悉 Java EE 常见技术并掌握一定异步编程模型和分布式架构的基本概念有助于更好地理解书中的内容。同时,本书也可以供具备不同技术体系的架构师同行参考,希望能给日常研发和管理工作带来启发和帮助。

未经许可,不得以任何方式复制或抄袭本书之部分或全部内容。
版权所有,侵权必究。

图书在版编目(CIP)数据

Spring 响应式微服务:Spring Boot 2+Spring 5+Spring Cloud 实战 / 郑天民著. —北京:电子工业出版社,2019.6
ISBN 978-7-121-36383-2

Ⅰ.①S… Ⅱ.①郑… Ⅲ.①JAVA 语言—程序设计②互联网络—网络服务器 Ⅳ.①TP312.8②TP368.5

中国版本图书馆 CIP 数据核字(2019)第 076225 号

策划编辑:张春雨
责任编辑:李利健
印　　刷:涿州市般润文化传播有限公司
装　　订:涿州市般润文化传播有限公司
出版发行:电子工业出版社
　　　　　北京市海淀区万寿路 173 信箱　邮编　100036
开　　本:787×980　1/16　印张:17.25　字数:385 千字
版　　次:2019 年 6 月第 1 版
印　　次:2021 年 9 月第 4 次印刷
定　　价:75.00 元

凡所购买电子工业出版社图书有缺损问题,请向购买书店调换。若书店售缺,请与本社发行部联系,联系及邮购电话:(010)88254888,88258888。
质量投诉请发邮件至 zlts@phei.com.cn,盗版侵权举报请发邮件至 dbqq@phei.com.cn。
本书咨询联系方式:010-51260888-819,faq@phei.com.cn

前 言

当下互联网行业飞速发展，快速的业务更新和产品迭代也给系统开发过程和模式带来新的挑战。在这个时代背景下，以 Spring Cloud 为代表的微服务架构实现技术应运而生。微服务架构是一种分布式系统，在业务、技术和组织等方面具备相应优势的同时，也不得不面临分布式系统所固有的问题。确保微服务系统的即时响应性和服务弹性是我们构建微服务架构的一大挑战。幸运的是，Spring 框架的开发人员已经创建了一个崭新的、支持响应式的项目版本，用来支持响应式微服务架构的设计和开发。通过构建响应式微服务架构，我们将在传统微服务架构的基础上提供即时响应性和服务弹性。

本书从响应式编程和微服务架构的基本概念开始并逐步展开。你将了解响应式的基本原理，以及 Spring 5 框架所集成的 Project Reactor 响应式开发框架。同时，你将进一步了解如何构建响应式 RESTful 服务、如何构建响应式数据访问组件、如何构建响应式消息通信组件、如何构建响应式微服务架构，以及如何测试响应式微服务架构等核心主题。所有这些内容都将应用于一个简明而又完整的示例项目，确保你能够将所学到的技能付诸于实践。

本书主要包含响应式微服务架构实现过程中所应具备的技术体系和工程实践，在组织结构上分如下 8 章内容。

第 1 章 "直面响应式微服务架构"，作为全书的开篇，围绕响应式微服务架构的概念和构建方式展开讨论。通过对比传统的编程方法和响应式编程方法引出响应式编程的核心概念，并引用响应式宣言来阐述响应式系统所应具备的基本系统特性和维度。同时，本章在介绍传统微服务架构的基础上，分析了响应式微服务架构的设计原则，然后对响应式编程和微服务架构进行了整合。

第 2 章 "响应式编程模型与 Reactor 框架"，本章全面介绍响应式编程模型并引出了响应式流规范，Reactor 框架为我们提供了一整套实现该规范的具体实现。我们在介绍 Reactor 框架中 Mono 和 Flux 这两个核心组件的基础上，进一步提供了一系列强大的操作符来操作这些组件。本章最后还对 Reactor 框架中的背压机制做了简单介绍，Reactor 框架提供了 4 种背压处理策略以满足不同场景的需求。

第 3 章 "构建响应式 RESTful 服务"，要想构建响应式微服务架构，首先需要构建单个响应式微服务。在 Spring 5 中引入了全新的响应式服务构建框架 Spring WebFlux，支持使用注解编程模型和函数式编程模型两种方式来构建响应式 RESTful 服务。本章基于 Spring Boot，对 Spring WebFlux 框架做了全面介绍。

第 4 章 "构建响应式数据访问组件",对于响应式微服务架构而言,数据访问也是构建全栈响应式系统的重要一环。为此,Spring Data 框架也专门提供了 Spring Reactive Data 组件用来创建响应式数据访问层组件。在本章中,我们重点就 MongoDB 和 Redis 这两个支持响应式特性的 NoSQL 数据库分别给出了如何使用 Spring Reactive Data 来实现响应式数据访问的基本步骤和代码示例。

第 5 章 "构建响应式消息通信组件",本章内容围绕构建响应式微服务架构的另一个重要主题展开讨论,即响应式消息通信。我们使用 Reactive Spring Cloud Stream 框架来实现响应式消息通信组件。本章先从事件驱动架构和模型出发,引出了 Spring Cloud 家族中实现消息通信的 Spring Cloud Stream 框架。然后对 Spring Cloud Stream 进行升级,结合响应式编程模型全面介绍 Reactive Spring Cloud Stream 框架的使用方法。

第 6 章 "构建响应式微服务架构",本章是全书的重点章节,我们通过使用 Spring Cloud 框架来实现响应式微服务架构。我们从服务治理、负载均衡、服务容错、服务网关、服务配置和服务监控共 6 大主题出发全面讨论了响应式微服务架构的核心组件及其实现方案。对于每个组件的介绍,我们都包含了使用该组件的具体方法以及相应的代码示例。同时,我们还专门使用一节内容来介绍 WebClient 这一响应式服务调用的实现工具。

第 7 章 "测试响应式微服务架构",本章首先介绍初始化测试环境的准备工作,然后分别给出了测试响应式微服务架构中一系列独立层组件的方法和示例,即从数据流层出发,分别对基于响应式 MongoDB 的 Repository 层、Service 层以及 Controller 层进行测试。

第 8 章 "响应式微服务架构演进案例分析",本章作为全书的最后一章,通过一个完整的案例分析全面介绍了构建一个响应式微服务系统的各个方面。在介绍该案例时,首先采用了传统的微服务架构来实现该案例。然后,在传统微服务架构构建完毕的基础上,重点对如何向响应式微服务架构演进的方法和过程做了具体展开。一方面,我们需要更新基础设施类服务,另一方面,需要完成对数据访问方式、事件通信方式、服务调用方式的全面升级。这里涉及响应式 WebFlux、响应式 MongoDB 和 Redis、响应式 Spring Cloud Stream 等响应式组件的使用方式和最佳实践。

本书面向想成为微服务架构师尤其是响应式微服务架构师的服务开发人员,读者不需要有很深的技术水平,也不限于特定的开发语言,但如果你熟悉 Java EE 常见技术并掌握一定异步编程模型和分布式架构的基本概念有助于更好地理解书中的内容。通过对本书的系统学习,读者将对响应式微服务架构的技术体系和实现方式有全面且深入的了解,为后续的工作和学习做好准备。

在撰写本书的过程中,感谢我的家人,特别是我的妻子章兰婷女士在我占用大量晚上和周末时间的情况下,能够给予极大的支持和理解。感谢以往以及现在公司的同事们,身处在

前　言

业界领先的公司和团队中，让我得到很多学习和成长的机会，没有大家的帮助，不可能有这本书的诞生。最后，特别感谢电子工业出版社的张春雨编辑，这本书能够顺利出版，离不开他的帮助。

由于作者水平和经验有限，书中难免有疏漏和错误之处，恳请读者批评、指正。

郑天民

2019 年 3 月于杭州钱江世纪城

目 录

第1章 直面响应式微服务架构 1
1.1 响应式系统核心概念 1
1.1.1 从传统编程方法到响应式编程方法 1
1.1.2 响应式宣言与响应式系统 4
1.2 剖析微服务架构 6
1.2.1 分布式系统与微服务架构 6
1.2.2 服务拆分与集成 8
1.2.3 微服务架构的核心组件 11
1.2.4 微服务架构技术体系 13
1.3 构建响应式微服务架构 15
1.3.1 响应式微服务架构设计原则 15
1.3.2 整合响应式编程与微服务架构 18
1.4 全书架构 19
1.5 本章小结 20

第2章 响应式编程模型与 Reactor 框架 21
2.1 响应式编程模型 21
2.1.1 流 22
2.1.2 背压 24
2.1.3 响应式流 25
2.2 Reactor 框架 28
2.2.1 响应式编程实现技术概述 28
2.2.2 引入 Reactor 框架 31
2.3 创建 Flux 和 Mono 34
2.3.1 创建 Flux 34
2.3.2 创建 Mono 37
2.4 Flux 和 Mono 操作符 39
2.4.1 转换操作符 39
2.4.2 过滤操作符 43
2.4.3 组合操作符 46

		2.4.4 条件操作符 49
		2.4.5 数学操作符 52
		2.4.6 Observable 工具操作符 54
		2.4.7 日志和调试操作符 56
	2.5	Reactor 框架中的背压机制 58
	2.6	本章小结 60

第 3 章 构建响应式 RESTful 服务 ... 61

3.1	使用 Spring Boot 2.0 构建微服务 61
	3.1.1 Spring Boot 基本特性 61
	3.1.2 基于 Spring Boot 的第一个 RESTful 服务 63
	3.1.3 使用 Actuator 组件强化服务 67
3.2	使用 Spring WebFlux 构建响应式服务 80
	3.2.1 使用 Spring Initializer 初始化响应式 Web 应用 80
	3.2.2 对比响应式 Spring WebFlux 与传统 Spring WebMvc 82
	3.2.3 使用注解编程模型创建响应式 RESTful 服务 84
	3.2.4 使用函数式编程模型创建响应式 RESTful 服务 88
3.3	本章小结 93

第 4 章 构建响应式数据访问组件ꢀꢀ94

4.1	Spring Data 数据访问模型 94
	4.1.1 Spring Data 抽象 95
	4.1.2 集成 Spring Data JPA 98
	4.1.3 集成 Spring Data Redis 100
	4.1.4 集成 Spring Data Mongodb 103
4.2	响应式数据访问模型 104
	4.2.1 Spring Reactive Data 抽象 105
	4.2.2 创建响应式数据访问层组件 107
4.3	响应式 MongoDB 108
	4.3.1 初始化 Reactive Mongodb 运行环境 109
	4.3.2 创建 Reactive Mongodb Repository 112
	4.3.3 使用 CommandLineRunner 初始化 MongoDB 数据 112
	4.3.4 在 Service 层中调用 Reactive Repository 114
4.4	响应式 Redis 117
	4.4.1 初始化 Reactive Redis 运行环境 117
	4.4.2 创建 Reactive Redis Repository 120

4.4.3　在 Service 层中调用 Reactive Repository 122
　4.5　本章小结 123

第 5 章　构建响应式消息通信组件　124
　5.1　消息通信系统简介 125
　5.2　使用 Spring Cloud Stream 构建消息通信系统 126
　　　5.2.1　Spring Cloud Stream 基本架构 126
　　　5.2.2　Spring Cloud Stream 中的 Binder 组件 130
　　　5.2.3　使用 Source 组件实现消息发布者 135
　　　5.2.4　使用@StreamListener 注解实现消息消费者 137
　5.3　引入 Reactive Spring Cloud Stream 实现响应式消息通信系统 139
　　　5.3.1　Reactive Spring Cloud Stream 组件 139
　　　5.3.2　Reactive Spring Cloud Stream 示例 141
　5.4　本章小结 147

第 6 章　构建响应式微服务架构　148
　6.1　使用 Spring Cloud 创建响应式微服务架构 148
　　　6.1.1　服务治理 149
　　　6.1.2　负载均衡 154
　　　6.1.3　服务容错 161
　　　6.1.4　服务网关 166
　　　6.1.5　服务配置 173
　　　6.1.6　服务监控 177
　6.2　使用 WebClient 实现响应式服务调用 182
　　　6.2.1　创建和配置 WebClient 182
　　　6.2.2　使用 WebClient 访问服务 183
　6.3　本章小结 187

第 7 章　测试响应式微服务架构　188
　7.1　初始化测试环境 189
　　　7.1.1　引入 spring-boot-starter-test 组件 189
　　　7.1.2　解析基础类测试注解 190
　　　7.1.3　编写第一个测试用例 191
　7.2　测试 Reactor 组件 192
　7.3　测试响应式 Repository 层组件 194
　　　7.3.1　测试内嵌式 MongoDB 194
　　　7.3.2　测试真实的 MongoDB 197

7.4	测试响应式 Service 层组件	199
7.5	测试响应式 Controller 层组件	201
7.6	本章小结	204

第 8 章 响应式微服务架构演进案例分析 ... 205

8.1	PrescriptionSystem 案例简介	205
8.2	传统微服务架构实现案例	207
	8.2.1 构建基础设施类服务	207
	8.2.2 构建 Medicine 服务	213
	8.2.3 构建 Card 服务	219
	8.2.4 构建 Prescription 服务	224
8.3	响应式微服务架构演进案例	237
	8.3.1 更新基础设施类服务	237
	8.3.2 更新数据访问方式	241
	8.3.3 更新事件通信方式	246
	8.3.4 更新服务调用方式	251
8.4	本章小结	265

参考文献 ... 266

第 1 章

直面响应式微服务架构

随着以 Dubbo、Spring Cloud 等框架为代表的分布式服务调用和治理工具的大行其道,以及以 Docker、Kubernetes 等容器技术的日渐成熟,微服务架构(Microservices Architecture)毫无疑问是近年来最热门的一种服务化架构模式。所谓微服务,就是一些具有足够小的粒度、能够相互协作且自治的服务体系。正因为每个微服务都比较简单,仅关注于完成一个业务功能,所以具备技术、业务和组织上的优势[1]。

另外,随着 Spring 5 的正式发布,我们迎来了响应式编程(Reactive Programming)的全新发展时期。Spring 5 中内嵌了响应式 Web 框架、响应式数据访问、响应式消息通信等多种响应式组件,从而极大地简化了响应式应用程序的开发过程和难度。

本章作为全书的开篇,将对微服务架构和响应式系统(Reactive System)的核心概念做简要介绍,同时给出两者之间的整合点,即如何构建响应式微服务架构。在本章最后,我们也会给出全书的组织架构,以便读者能够总览全书。

1.1 响应式系统核心概念

在本节中,我们将带领大家进入响应式系统的世界。为了让大家更好地理解响应式编程和响应式系统的核心概念,我们将先从传统编程方法出发逐步引出响应式编程方法。同时,我们还将通过响应式宣言(Reactive Manifesto)了解响应式系统的基本特性和设计理念。

1.1.1 从传统编程方法到响应式编程方法

在电商系统中,订单查询是一个典型的业务场景。用户可以通过多种维度获取自己已下订单的列表信息和各个订单的明细信息。我们就通过订单查询这一特定场景来分析传统编程方法和响应式编程方法之间的区别。

1. 订单查询场景的传统方法

在典型的三层架构中，图 1-1 展示了基于传统实现方法的订单查询场景时序图。一般用户会使用前端组件所提供的操作入口进行订单查询，然后该操作入口会调用后台系统的服务层，服务层再调用数据访问层，进而访问数据库，数据从数据库中获取之后逐层返回，最后显示在包括前端服务或用户操作界面在内的前端组件上。

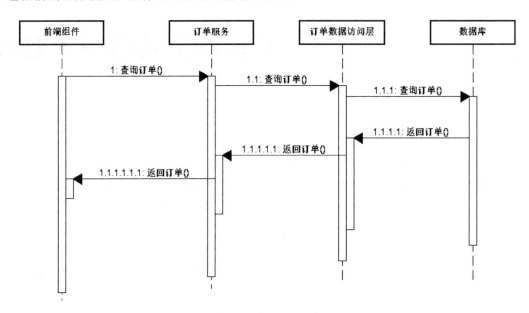

图 1-1 订单查询场景的传统实现方法时序图

显然，在图 1-1 所展示的整个过程中，前端组件通过主动拉取的方式从数据库中获取数据。如果用户不触发前端操作，那么就无法获取数据库中的数据状态。也就是说，前端组件对数据库中的任何数据变更一无所知。

2. 订单查询场景的响应式方法

主动拉取数据的方式在某些场景下可以运作得很好，但如果我们希望数据库中的数据一有变化就通知到前端组件，这种方式就不是很合理。这种场景下，我们希望前端组件通过注册机制获取数据变更的事件，图 1-2 展示了这一过程。

在图 1-2 中，我们并不是直接访问数据库来获取数据，而是订阅了 OrderChangedEvent 事件。当订单数据发生任何变化时，系统就会生成这一事件，然后通过一定的方式传播出来。而订阅了该事件的服务就会捕获该事件，从而通过前端组件响应该事件。事件处理的基本步骤涉及对某个特定事件进行订阅，然后等待事件的发生。如果不需要再对该事件做出响应，我们就可以取消对事件的订阅。

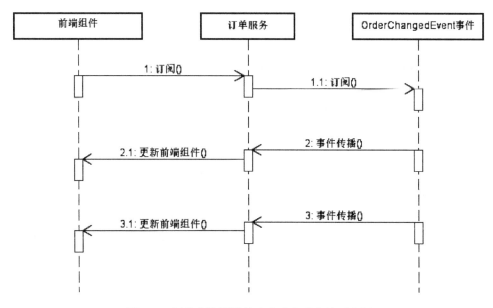

图 1-2　订单查询场景的响应式实现方法时序图

图 1-2 体现的是响应式系统中一种变化传递（Propagation Of Change）思想，即当数据变化之后，会像多米诺骨牌一样，导致直接和间接引用它的其他数据均发生相应变化。一般而言，生产者只负责生成并发出事件，然后消费者来监听并负责定义如何处理事件的变化传递方式。

显然，这些事件连起来会形成一串数据流（Data Stream），如果我们对数据流的每一个事件能够及时做出响应，就会有效提高系统的响应能力。基于数据流是响应式系统的另一个核心特点。

我们再次回到图 1-1，如果从底层数据库驱动，经过数据访问层到服务层，最后到前端组件的这个服务访问链路全部都采用响应式的编程方式，从而搭建一条能够传递变化的管道，这样一旦数据库中的数据有更新，系统的前端组件上就能相应地发生变化。而且，当这种变化发生时，我们不需要通过各种传统调用方式来传递这种变化，而是由搭建好的数据流自动进行传递。

3. 传统方法与响应式方法的对比

图 1-1 展示的传统方法和图 1-2 展示的响应式方法具有明显的差异，我们分别从处理过程、线程管理和伸缩性角度做简要对比。

（1）处理过程

传统开发方式下，我们拉取（Pull）数据的变化，这意味着整个过程是一种间歇性、互不相关的处理过程。前端组件不关心数据库中的数据是否有变化。

在响应式开发方式下，一旦对事件进行注册，处理过程只有在数据变化时才会被触发，类似一种推（Push）的工作方式。

（2）线程管理

在传统开发方式下，线程的生命周期比较长。在线程存活的状态下，该线程所使用的资源都会被锁住。当服务器在同时处理多个线程时，就会存在资源的竞争问题。

在响应式开发方式下，生成事件和消费事件的线程的存活时间都很短，所以资源之间存在较少的竞争关系。

（3）伸缩性

传统开发方式下，系统伸缩性涉及数据库和应用服务器的伸缩，一般我们需要专门采用一些服务器架构和资源来应对伸缩性需求。

在响应式开发方式下，因为线程的生命周期很短，同样的基础设施可以处理更多的用户请求。同时，响应式开发方式同样支持传统开发方式下的各种伸缩性实现机制，并提供了更多的分布式实现选择。图 1-3 展示了事件处理与系统伸缩性之间的关系。

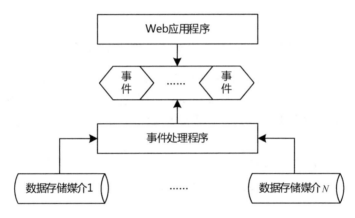

图 1-3　事件处理与系统伸缩性示意图

在图 1-3 中，Web 应用程序和事件处理程序显然可以分别进行伸缩，这为伸缩性实现机制提供了更多的选型余地。

1.1.2　响应式宣言与响应式系统

如同业界的其他宣言一样，响应式宣言是一组设计原则，符合这些原则的系统可以认为是响应式系统。同时，响应式宣言也是一种架构风格，是一种关于分布式环境下系统设计的思考方式，响应式系统也是具备这一架构风格的系统。

1. 响应式系统特性

响应式宣言给出了响应式系统所应该具备的特性，包括即时响应性（Responsive）、回弹性（Resilient）、弹性（Elastic）以及消息驱动（Message Driven）。具备这些特性的系统可以称为响应式系统。图 1-4 给出了响应式宣言的图形化描述。

第 1 章 直面响应式微服务架构

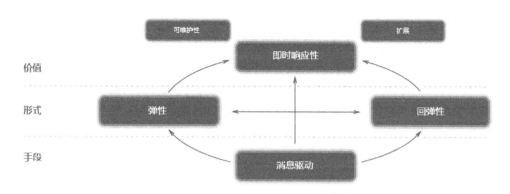

图 1-4 响应式宣言（来自响应式宣言官网）

在图 1-4 中，响应式宣言认为，响应式系统的价值在于提供了即时响应性、可维护性和可扩展性，表现的形式就是回弹性和弹性，而实现的手段则是消息驱动。我们需要对这些名词做一一展开，以下关于响应式系统的各个特性的描述来自响应式宣言中文版，为了在描述上与本书其他内容的统一，部分名称和语句做了调整，读者可访问响应式宣言中文版官方网站获取更多信息。

（1）即时响应性

即时响应性指的是只要有可能，系统就会及时地做出响应。即时响应是可用性和实用性的基石。更加重要的是，即时响应意味着可以快速地检测到问题并有效地对其进行处理。即时响应的系统专注于提供快速、一致的响应，确立可靠的反馈上限，以提供一致的服务质量。这种一致的行为转而将简化错误处理、建立最终用户的信任并促使用户与系统作进一步的互动。

（2）回弹性

回弹性指的是系统在出现失败时依然保持即时响应性。这不仅适用于高可用的任务关键型系统，任何不具备回弹性的系统都将会在发生失败之后丢失即时响应性。回弹性是通过复制、遏制、隔离以及委托来实现的。失败的扩散被遏制在了每个组件内部，与其他组件相互隔离，从而确保系统某部分的失败不会危及整个系统，并能独立恢复。每个组件的恢复都被委托给了另一个内部或外部组件。此外，在必要时可以通过复制来保证高可用性。因此，组件的客户端不再承担组件失败的处理。

（3）弹性

弹性指的是系统在不断变化的工作负载之下依然保持即时响应性。响应式系统可以对输入的速率变化做出反应，比如，通过增加或者减少用于服务这些输入的资源分配。这意味着设计上并没有竞争点和中央瓶颈，系统得以进行组件的分片或者复制，并在它们之间分布输入。通过实现相关的实时性能指标，响应式系统能支持预测式以及响应式的伸缩算法。这些系统可以在常规的硬件以及软件平台上实现高效的弹性。

（4）消息驱动

消息驱动指的是响应式系统依赖异步的消息传递，从而确保松耦合、隔离、位置透明的组件之间有着明确边界。这一边界还提供了将失败作为消息委托出去的手段。使用显式的消息传递，可以通过在系统中塑造并监视消息流队列，并在必要时应用背压，从而实现负载管理、弹性以及流量控制。使用位置透明的消息传递作为通信的手段，使得跨集群或者在单个主机中使用相同的结构成分和语义来管理失败成为可能。非阻塞的通信使得接收者可以只在活动时才消耗资源，从而减少系统开销。

2. 响应式的维度

响应式的概念还体现在不同维度上，包含响应事件、响应压力、响应错误和响应用户。

（1）响应事件

基于消息驱动机制，响应式系统可以对事件做出快速响应。

（2）响应压力

响应式系统可以在不同的系统压力下进行灵活响应。当压力较大时，使用更多的资源；当压力变小时，则释放不需要的资源。

（3）响应错误

响应式系统可以优雅地处理错误，监控组件的可用性，并在必要时冗余组件。

（4）响应用户

响应式系统的确能够积极响应用户请求，但当消费者没有订阅事件时，就不会浪费资源进行不必要的处理。

1.2 剖析微服务架构

目前，微服务架构已经成为一种主流的软件开发方法论，它把一种特定的软件应用设计方法描述为能够独立部署的服务套件。本节将对微服务设计原理与架构做精简而全面的介绍。

1.2.1 分布式系统与微服务架构

微服务架构首先表现为一种分布式系统（Distributed System），而分布式系统是传统单块系统（Monolith System）的一种演进。

1. 单块系统

在软件技术发展过程的很长一段时间内，软件系统都表现为一种单块系统。时至今日，很多单块系统仍然在一些行业和组织中得到开发和维护。所谓单块系统，简单地讲就是把一个系统所涉及的各个组件都打包成一个一体化结构并进行部署和运行。在 Java EE 领域，这种一体化结构很多时候就体现为一个 WAR 包，而部署和运行的环境就是以 Tomcat 为代表的各种应用服务器。

单块系统有其存在和发展的固有优势。当团队规模并不是太大的时候，一个单块应用可以由一个开发者团队进行独立维护。该团队的成员能够对单块应用进行快速学习、理解和修改，因为其结构非常简单。同时，因为单块系统的表现形式就是一个独立的 WAR 包，想要对它进行集成、部署以及实现无状态集群，相对也比较简单，通常只要采用负载均衡机制并运行该单块系统的多个实例，就能达到系统伸缩性要求。

但在另一方面，随着公司或者组织业务的不断扩张、业务结构的不断变化以及用户量的不断增加，单块系统的优势已无法适应互联网时代的快速发展，面临着越来越多的挑战，例如，如何处理业务复杂度、如何防止代码腐化、如何处理团队协作问题以及如何应对系统伸缩性问题[1]。针对以上集中式单块系统所普遍存在的问题，基本的解决方案就要依赖于分布式系统的合理构建。

2．分布式系统

所谓分布式系统，是指硬件或软件组件分布在不同的网络计算机上，彼此通过一定的通信机制进行交互和协调的系统。我们从这个定义中可以看出分布式系统包含两个区别于单块系统的本质特征：一个是网络，分布式系统的所有组件都位于网络中，对互联网应用而言，则位于更为复杂的互联网环境中；另一个是通信和协调，与单块系统不同，位于分布式系统中的各个组件只有通过约定、高效且可靠的通信机制进行相关协作，才能完成某项业务功能。这是我们在设计和实现分布式系统时首先需要考虑的两个方面。

分布式系统相较于集中式系统而言具备优势的同时，也存在一些我们不得不考虑的特性，包括但不限于网络传输的三态性、系统之间的异构性、数据一致性、服务的可用性等[1]。以上问题是分布式系统的基本特性，我们无法避免，只能想办法进行利用和管理，这就给我们设计和实现分布式系统提出了挑战。微服务架构本质上也是一种分布式系统，但在遵循通用分布式特性的基础上，微服务架构还表现出一定的特殊性。接下来将围绕微服务架构的这些特性展开讨论。

3．微服务架构

Martin Fowler 指出[2]，微服务架构具有以下特点。

（1）服务组件化

组件（Component）是一种可独立替换和升级的软件单元。在日常开发过程中，我们可能会设计和使用很多组件，这些组件可能服务于系统内部，也可能存在于系统所运行的进程之外。而服务就是一种进程外组件，服务之间利用诸如 RPC（Remote Procedure Call，远程过程调用）的通信机制完成交互。服务组件化的主要目的是服务可以独立部署。如果你的应用程序由一个运行在独立进程中的很多组件组成，那么对任何一个组件的改变都将导致必须重新部署整个应用程序。但是如果你把应用程序拆分成很多服务，显然，通常情况下，你只需要重新部署那个改变的服务。在微服务架构中，每个服务运行在其独立的进程中，服务与服务之间采用轻量级通信机制互相沟通。

（2）按业务能力组织服务

当寻找把一个大的应用程序进行拆分的方法时，研发过程通常都会围绕产品团队、UED团队、App前端团队和服务器端团队而展开，这些团队也就是通常所说的职能团队（Function Team）。当使用这种标准对团队进行划分时，任何一个需求变更，无论大小，都将导致跨团队协作，从而增加沟通和协作成本。而微服务架构下的划分方法有所不同，它倾向围绕业务功能的组织来分割服务。这些服务面向具体的业务结构，而不是面向某项技术能力。因此，团队是跨职能的（Cross-Functional）的特征团队（Feature Team），包含用户体验、项目管理和技术研发等开发过程中要求的所有技能。每个服务都围绕着业务进行构建，并且能够被独立部署到生产/类生产环境。

（3）去中心化

服务集中治理的一种好处是在单一平台上进行标准化，但采用微服务的团队更喜欢不同的标准。把集中式系统中的组件拆分成不同的服务，我们在构建这些服务时就会有更多的选择。对具体的某一个服务而言，应该根据业务上下文选择合适的语言和工具进行构建。

另一方面，微服务架构也崇尚于对数据进行分散管理。当集中式的应用使用单一逻辑数据库进行数据持久化时，通常选择在应用的范围内使用一个数据库。然而，微服务让每个服务管理自己的数据库，无论是相同数据库的不同实例，还是不同的数据库系统。

（4）基础设施自动化

许多使用微服务架构产品或者系统的团队拥有丰富的持续集成（Continue Integration）和持续交付（Continuous Delivery）经验。团队使用微服务架构构建软件需要更广泛地依赖基础设施自动化技术。

在微服务中同样需要考虑服务容错性设计等分布式系统所需要考虑的问题，我们对以上特点进行总结和提炼，认为微服务具备业务独立、进程隔离、团队自主、技术无关、轻量级通信和交付独立性等"微"特性。

1.2.2 服务拆分与集成

本节在微服务架构基本概念的基础上，简要分析服务拆分的策略和手段，同时也给出对拆分之后的服务进行集成的各种实现方法和技术体系。

1. 服务拆分

在微服务架构中，我们认为服务是业务能力的代表，需要围绕业务进行组织。服务拆分的关键在于正确理解业务，识别单个服务内部的业务领域及其边界，并按边界进行拆分。所以微服务的拆分模式本质上是基于不同的业务进行拆分。业务体现在各种功能代码中，通过确定业务的边界，并使用领域与界限上下文（Boundary Context）、领域事件（Domain Event）等技术手段可以实现拆分。

数据对微服务架构而言同样可以认为是一种依赖关系，因为任何业务都需要使用某个数据容器作为持久化的机制或者数据处理的媒介，这里的数据容器不仅指关系型数据库，还泛指包括消息队列、搜索引擎索引以及各种 NoSQL 在内的数据媒介。微服务架构中存在一种说法，即我们需要将微服务用到的所有资源全部嵌入到该服务中，从而确保微服务的独立性。而数据的拆分则体现在如何将集中式的中心化数据转变为各微服务各自拥有的独立数据，这部分工作同样十分具有挑战性。

关于业务和数据应该先拆分谁的问题，可以是先数据库，后业务代码，也可以是先业务代码，后数据库。然而在拆分中遇到的最大挑战可能会是数据层的拆分，因为在数据库中可能会存在各种跨表连接查询、跨库连接查询，以及不同业务模块的代码与数据耦合得非常紧密的场景，这会导致服务的拆分非常困难。因此，在拆分步骤上我们更多地推荐数据库先行。数据模型能否彻底分开，很大程度上决定了微服务的边界功能是否彻底划清。

服务拆分的方法根据系统自身的特点和运行状态，通常可分为绞杀者与修缮者两种模式。绞杀者模式（Strangler Pattern）[3]指的是，在现有系统外围将新功能用新的方式构建为新的服务的策略以微服务方式，逐步实现对老系统替换，而不是直接修改原有系统。采用这种策略，随着时间的推移，新的服务就会逐渐"绞杀"老的系统。对于那些规模很大又难以对现有架构进行修改的遗留系统，推荐采用绞杀者模式。而修缮者模式就如修房或修路一样，将老旧待修缮的部分进行隔离，用新的方式对其进行单独修复。修复的同时，需保证与其他部分仍能保持协同。从这种思路出发，修缮者模式更多地表现为一种重构技术，具体实现上可以参考 Martine Fowler 的 BranchByAbstraction 重构方法[4]。

2. 服务集成

服务之间势必要集成，而这种集成关系远比简单的 API 调用要复杂。对于微服务架构而言，我们的思路是尽量采用标准化的数据结构和通信机制并降低系统集成的耦合度。我们把微服务架构中服务之间的集成模式分为以下 4 类[1]，同时还会引入其他一些手段来实现服务与服务之间的有效集成。

（1）接口集成

接口集成是服务之间集成的最常见手段，通常基于业务逻辑的需要进行集成。RPC、REST、消息传递和服务总线都可以归为这种集成方式。

RPC 架构是服务之间进行集成的最基本方式。在 RPC 架构实现思路上，远程服务提供者以某种形式提供服务调用相关信息，远程代理对象通过动态代理拦截机制生成远程服务的本地代理，让远程调用在使用上如同本地调用一样。而网络通信应该与具体协议无关，通过序列化和反序列化方式对网络数据进行有效传输。

REST（Representational State Transfer，表述性状态转移）从技术上讲也可以认为是 RPC 架构的一种具体表现形式，因为 RPC 架构中最基本的网络通信、序列化/反序列化、传输协议和服务调用等组件都能在 REST 中有所体现。但 REST 代表的并不是一种技术，也不是一种标准和规范，而是一种设计风格。要理解 RESTful 架构，最好的方法就是理解它的全称

Representational State Transfer 这个词组，直译过来就是"表述性状态转移"，针对的是网络上的各种资源（Resource）。所以，通俗地讲，REST 就是资源在网络中以某种表现形式进行状态转移。

消息通信（Messaging）机制（或者称为消息传递机制）可以认为是一种系统集成组件，是在分布式系统中完成消息的发送和接收的基础软件，用于消除服务交互过程中的耦合度。关于耦合度的具体表现形式，我们在下一节中还会具体展开，消息通信机制实现系统解耦的做法是在服务与服务之间添加一个中间层，这样紧耦合的单阶段过程调用就转变成松耦合的两阶段过程，可以通过中间层进行消息的存储和处理，这个中间层就是以各种消息中间件为代表的消息通信系统（Messaging System）。

企业服务总线（Enterprise Service Bus，ESB）本质上也是一种系统集成组件，用于解决分布式环境下的异步协作问题，可以看作是对消息通信系统的扩展和延伸。ESB 提供了一批核心组件，包括路由器、转换器和端点。路由器（Router）在一个位置上维护消息目标地址并基于消息本身或上下文进行路由；转换器（Transformer）用于异构系统之间进行数据适配，数据结构、类型、表现形式、传输方式都是潜在的需要转换的对象；端点（Endpoint）封装了应用系统与服务总线系统的交互。

（2）数据集成

数据集成同样可以用于微服务之间的交互，常见的共享数据库（Shared Database）是一个选择，但也可以通过数据复制（Data Replication）的方式实现数据集成。

在微服务架构中，我们追求数据的独立性。但对于一些遗留系统而言，无法重新打造数据体系，数据复制就成为一种折中的集成方法。所谓数据复制，就是在不同的数据容器中保存同一份业务数据。这里的同一份业务数据的概念不在于数据内容的完全一致性，而在于这些数据背后的业务逻辑的一致性。

（3）客户端集成

由于微服务是一个能够独立运行的整体，有些微服务会包含一些 UI 界面，这也意味着微服务之间也可以通过 UI 界面进行集成。从某一个微服务的角度讲，调用它的服务就是该服务的客户端。关于客户端与微服务之间的集成可以分为三种方式，即直接集成、使用 FrontEnd 服务器和使用 API 网关。

直接集成方式比较简单，就是客户端通过微服务提供的访问入口直接对微服务进行集成。这种方式适合于微服务数量不是太多的场景。如果采用直接集成的方式，服务按照业务模块进行边界划分和命名是一项最佳实践。

FrontEnd 服务器有时候也可以认为是一种 Portal（门户）机制，即把客户端所需要的各种 CSS、Javascript 等公共资源统一放在 FrontEnd 服务器，然后每个微服务包含自身特有的 HTML 等客户端代码片段以及业务逻辑，通过集成 FrontEnd 服务器上的公共资源完成独立服务的运行。

当微服务数量较多且客户端集成场景比较复杂时，通常就需要单独抽取一层作为客户端访问的统一入口，这一层在微服务架构里称为 API 网关（Gateway）。API 网关的主要作用是对后端的各个微服务进行整合，从而为不同的客户端提供定制化的内容。

（4）外部集成

这里把外部集成单独剥离出来的原因在于，现实中很多服务之间的集成需求来自于与外部服务的依赖和整合，而在集成方式上也可以综合采用接口集成、数据集成和客户端集成。

以上集成方式各有其应用场景和特点，现实中的很多系统包含的集成方式并不限于其中一种。关于服务拆分和服务集成的方法论与工程实践不是本书的重点，读者可参看笔者的《微服务设计原理与架构》[1]一书做进一步了解。在本书中，我们重点介绍的是接口集成，并试图通过响应式编程的方式实现基于 RESTful 风格以及消息通信的微服务集成需求。

1.2.3 微服务架构的核心组件

微服务架构的实现首先需要提供一系列基础组件，包括事件驱动、集群与负载均衡、服务路由等分布式环境下的通用组件，也包括 API 网关和配置管理等微服务架构所特有的功能组件。同时，基于服务注册中心的服务发布和订阅机制是微服务体系下实现服务治理的基本手段。而关于如何保证服务的可靠性，我们也需要考虑服务容错、服务隔离、服务限流和服务降级等需求和实现方案。最后，我们也需要使用服务监控手段来管理服务质量和运行时状态。

1. 事件驱动

事件驱动架构（Event-Driven Architecture，EDA）定义了一个设计和实现应用系统的架构风格，在这个架构风格里，事件可传输于松散耦合的组件和服务之间。事件处理架构的优势就在于，当系统中需要添加另一个业务逻辑来完成整个流程时，只需要对处于该流程中的事件添加一个订阅者即可，不需要对原有系统做大量修改。考虑到在微服务架构中服务数量较多且不可避免地需要对服务进行重构，事件处理在系统扩展性上的优势就尤为明显。而在技术实现上，通过消息通信机制，我们不必花费太大代价就能实现事件驱动架构。响应式编程在一定程度上也是事件驱动架构的一种表现形式。

2. 负载均衡

集群（Cluster）指的是将几台服务器集中在一起实现同一业务。而负载均衡（Load Balance）就是将请求分摊到位于集群中的多个服务器上进行执行。负载均衡根据服务器地址列表所存放的位置可以分成两大类，一类是服务器端负载均衡，另一类是客户端负载均衡。另一方面，以各种负载均衡算法为基础的分发策略决定了负载均衡的效果。在集群化环境中，当客户端请求到达集群时，如何确定由某一台服务器进行请求响应就是服务路由（Routing）问题。从这个角度讲，负载均衡也是一种路由方案，但是负载均衡的出发点是提供服务分发，而不是解决路由问题，常见的静态、动态负载均衡算法也无法实现精细化的路由管理。服务路由的管理可以归为几个大类,包括直接路由、间接路由和路由规则[1]。

3. API 网关

API 网关本质上就是一种外观模式(Façade Pattren)的具体实现,它是一种服务器端应用程序并作为系统访问的唯一入口。API 网关封装了系统内部架构,为每个客户端提供一个定制的 API。同时,它可能还具有身份验证、监控、缓存、请求管理、静态响应处理等功能。在微服务架构中,API 网关的核心要点是所有的客户端和消费端都通过统一的网关接入微服务,在网关层处理通用的非业务功能。

4. 配置中心

在微服务架构中,一般都需要引入配置中心(Configuration Center)的相关工具。采用配置中心也就意味着采用集中式配置管理的设计思想。对于集中式配置中心而言,开发、测试和生产等不同的环境配置信息保存在统一存储媒介中,这是一个维度。而另一个维度就是分布式集群环境,需要确保集群中同一类服务的所有服务器保存同一份配置文件,并且能够同步更新。

5. 服务治理

在微服务架构中,服务治理(Service Governance)可以说是最关键的一个要素,因为各个微服务需要通过服务治理实现自动化的服务注册(Registration)和发现(Discovery)。服务治理的需求来自服务的数量。如果在服务数量并不是太多的场景下,服务消费者获取服务提供者地址的基本思路是通过配置中心,当服务的消费者需要调用某个服务时,基于配置中心中存储的目标服务的具体地址构建链路完成调用。但当服务数量较多时,为了实现微服务架构中的服务注册和发现,通常都需要构建一个独立的媒介来管理服务的实例,这个媒介一般被称为服务注册中心(Service Registration Center)。

另一方面,服务提供者和服务消费者都相当于服务注册中心的客户端应用程序。在系统运行时,服务提供者的注册中心客户端程序会向注册中心注册自身提供的服务,而服务消费者的注册中心客户端程序则从注册中心查询当前订阅的服务信息并周期性地刷新服务状态。同时,为了提高服务路由的效率和容错性,服务消费者可以配备缓存机制以加速服务路由。更重要的是,当服务注册中心不可用时,服务消费者可以利用本地缓存路由实现对现有服务的可靠调用。

6. 服务可靠

在微服务架构中,各个服务独立部署且服务与服务之间存在相互依赖关系。和单块系统相比,微服务架构中出现服务访问失败的原因和场景非常复杂,这就需要我们从服务可靠性的角度出发对服务自身以及服务与服务之间的交互过程进行设计。

针对服务失败,常见的应对策略包括超时(Timeout)和重试(Retry)机制。超时机制指的是调用服务的操作可以配置为执行超时,如果服务未能在这个时间内响应,将回复一个失败消息。同时,为了降低网络瞬态异常所造成的网络通信问题,可以使用重试机制。这两种方式都会产生同步等待,因此,合理限制超时时间和重试次数是一般的做法。

当服务运行在一个集群中,出现通信链路故障、服务端超时以及业务异常等场景都会导致服务调用失败。容错(Fault Tolerance)机制的基本思想是冗余和重试,即当一个服务器出现问题时,不妨试试其他服务器。集群的建立已经满足冗余的条件,而围绕如何进行重试就产生了 Failover、Failback 等几种常见的集群容错策略。

服务隔离(Isolation)包括一些常见的隔离思路以及特定的隔离实现技术框架。所谓隔离,本质上是对系统或资源进行分割,从而实现当系统发生故障时能限定传播范围和影响范围,即发生故障后只有出问题的服务不可用,保证其他服务仍然可用。常见的隔离措施包括线程隔离、进程隔离、集群隔离、机房隔离和读写隔离等[5]。

关于服务可靠性,还有一个重要的概念称为服务熔断(Circuit Breaker)。服务熔断类似现实世界中的"保险丝",当某个异常条件被触发时,就直接熔断整个服务,并不是一直等到此服务超时。而服务降级就是当某个服务熔断之后,服务端准备一个本地的回退(Fallback)方法,该方法返回一个默认值。

7. 服务监控

我们知道在传统的单块系统中,所有的代码都在同一台服务器上,如果服务运行时出现错误和异常,我们只要关注一台服务器就可以快速定位和处理问题。但在微服务架构中,事情显然没有那么简单。微服务架构的本质也是一种分布式架构,微服务架构的特点决定了各个服务部署在分布式环境中。各个微服务独立部署和运行,彼此通过网络交互,而且都是无状态的服务,一个客户端请求可能需要经过很多个微服务的处理和传递才能完成业务逻辑。在这种场景下,我们首先面临的一个核心问题是如何管理服务之间的调用关系;另一方面,如何跟踪业务流的处理顺序和结果也是服务监控的核心问题。通常,我们需要借助于日志聚合和服务跟踪技术来解决这两个核心问题。

1.2.4 微服务架构技术体系

本书的定位是讨论响应式微服务架构构建过程中的工程实践。无论是实现响应式微服务架构还是传统的微服务架构,都需要借助某一种具体的技术体系。

为了实现微服务架构,首先需要选择一种主流的工具来构建单个微服务。当系统中存在多个微服务时,我们就应该提供服务治理、负载均衡、服务容错、API 网关、配置中心、事件驱动等实现方案以完成服务之间的交互和集成。同时,微服务架构的技术体系也包括如何对微服务进行测试,以及基于日志聚合和服务跟踪的服务监控管理。

1. 微服务核心组件的实现技术

微服务之间首先需要进行通信。对于服务通信,微服务架构明确要求服务之间通过跨进程的远程调用方式进行通信。关于远程调用,有三种风格的解决方案,即 RPC、REST 和自定义实现。而在服务与服务的交互方式上也存在两个维度,即按照交互对象的数量分为一对一和一对多，以及按照请求响应的方式分为同步和异步。目前 RPC 框架可供选型的余地很大，如 Alibaba Dubbo、Faccbook Thrift 以及 Google gRPC 等都是非常主流的实现，而基于 REST 的实现框架则包括 Jersey、Spring MVC，以及本书中将要详细介绍的响应式 Spring WebFlux 等。

事件驱动架构实现工具的表现形式通常是各种消息中间件，如基于 JMS（Java Message Service，Java 消息服务）规范的 ActiveMQ、基于 AMQP（Advanced Message Queuing Protocol，高级消息队列协议）规范的 RabbitMQ、在大数据流式计算领域中应用非常广泛的 Kafka，当然还有像 Alibaba 自行研发的 RocketMQ。在这些消息中间件中，ActiveMQ 一般很少有人考虑，如果是相对比较轻量级的应用，则可以选择 RabbitMQ，而 Kafka 和 RocketMQ 则适合大型应用的场景。

负载均衡分为服务器端负载均衡和客户端负载均衡两大类实现方案。在服务器软件中，我们可以选择 Nginx、HA proxy、Apache、LVS 等工具。而类似 Netflix Ribbon 的工具则是一种可以单独使用的负载均衡机制。事实上，所有的分布式服务框架几乎都内置了负载均衡的实现，所以负载均衡本身并不需要做太多的选择。

API 网关是微服务架构的核心组件之一。Netflix OSS（Open Source Software）中有一个 Zuul 提供了一套过滤器机制，可以很好地支持签名校验、登录校验等前置过滤功能处理，同时它也维护了路由规则和服务实例，以便完成服务路由功能。其他可供参考的 API 网关还有开源的 Spring Cloud Gateway 和 Kong 等。

配置管理的作用是完成集中式的配置信息管理。目前比较主流的包括 Spring 旗下的 Spring Cloud Config、淘宝的 Diamond 和百度的 Disconf 等。在实现上，Spring Cloud Config 支持将配置信息存放在配置服务本地的内存中，也支持放在远程 Git 仓库中，这点与其他工具在设计上有较大不同。Diamond 和 Disconf 都是基于 MySQL 作为存储媒介，Diamond 采用拉模型，即每隔 15s 拉一次全量数据；而 Disconf 基于 Zookeeper 的推模型，实时推送。在配置数据模型上，Diamond 只支持 Key-Value 结构的数据，采用的是非配置文件模式；而 Disconf 支持传统的配置文件模式，也支持 Key-Value 结构数据。

关于服务注册和服务发现，比较常见的分布式一致性协议是 Paxos 协议[6]和 Raft 协议[7]。相比 Paxos 协议，Raft 协议易于理解和实现。因此，最新的分布式一致性方案大都选择 Raft 协议。我们知道，Zookeeper 采用的是基于 Paxos 协议改进的 ZAB（Zookeeper Atomic Broadcast，Zookeeper 原子消息广播）协议，而 Raft 协议的实现工具主要是 Consul 和 Etcd。注册中心是任何一个微服务框架所必不可少的组件，很多框架都内建了对服务注册中心的支持。例如，Alibaba 的 Dubbo 框架支持包括 Zookeeper、Redis 等在内的多种注册中心实现，默认采用的是 Zookeeper；新浪的 Motan 支持 Zookeeper，也支持 Consul；Spring Cloud 也同时提供了 Spring Cloud Consul 和 Spring Cloud Zookeeper 两种实现方案；而 Netflix OSS 中使用的是 Eureka。

服务可靠性相关的功能主要包括服务容错、服务隔离、服务限流和服务降级，其中大多数机制都偏向于实现策略而不是实现工具。我们需要明确的是如何实现服务隔离和服务熔断机制的框架。服务熔断器可选的开源方案包括 Netflix Hystrix 和 Resilience4j。

2. Spring Cloud

在本书中，我们将采用 Spring Cloud 作为微服务架构的实现框架。组件完备性是我们选择该框架的主要原因。Spring Cloud 是 Spring 家族中新的一员，重点打造面向服务化的功能组件，在功能上服务注册中心、API 网关、服务熔断器、分布式配置中心和服务监控等组件都能在 Spring Cloud 中找到对应的实现。

另一个选择 Spring Cloud 的原因在于服务之间的交互方式。我们知道微服务架构中推崇基于 HTTP 协议的 RESTful 风格实现服务间通信，而诸如 Dubbo 等框架的服务调用基于长连接的 RPC 实现。采用 RPC 方式会导致服务提供方与调用方接口产生较强依赖，而且服务对技术敏感，无法做到完全通用。Spring Cloud 采用的就是 RESTful 风格，这方面更加符合微服务架构的设计理念。

Spring Cloud 还具备一个天生的优势，因为它是 Spring 家族中的一员，而 Spring 在开发领域的强大地位给 Spring Cloud 起到了很好的推动作用。同时，Spring Cloud 基于 Spring Boot，而 Spring Boot 目前已经在越来越多的公司得到应用和推广，用来简化 Spring 应用的框架搭建以及开发过程。Spring Cloud 也继承了 Spring Boot 简单配置、快速开发、轻松部署的特点，让原本复杂的开发工作变得相对容易上手。

在本书后续章节中，我们将看到如何使用 Spring Cloud 实现微服务架构中的各个核心组件。

1.3 构建响应式微服务架构

使用微服务架构最关键的一个原则就是将系统划分成一个个相互隔离、无依赖的微服务，这些微服务通过定义良好的协议进行通信。本节将讨论构建响应式微服务架构的一些设计原则和理念，并探讨整合响应式编程和微服务架构的方法。

1.3.1 响应式微服务架构设计原则

Reactive Microservices Architecture[8]一书讲述了响应式微服务架构的核心概念以及实施过程中的一些最佳实践。本节将介绍这些核心概念和最佳实践，以便读者能够更好地理解响应式微服务架构。

1. 隔离一切事物

在微服务架构中，我们经常会提到雪崩效应（Avalanche Effect）这一概念。服务雪崩的产生是一种扩散效应。当系统中存在两个服务：服务 A 和服务 B 时，如果服务 A 出现问题，而服务 B 会通过用户不断提交服务请求等手工重试或代码逻辑自动重试等手段，进一步加大对服务 A 的访问流量。因为服务 B 使用同步调用，会产生大量的等待线程占用系统资源。一且线程资源被耗尽，服务 B 提供的服务本身也将处于不可用状态，整个过程的演变可参考图 1-5。而这一效果在整个服务访问链路上进行扩散，就形成了雪崩效应。

雪崩效应的预防需要依赖架构设计中的一种称为舱壁隔离（Bulkhead Isolation）的架构模式。所谓舱壁隔离，顾名思义，就是像舱壁一样对资源或失败单元进行隔离，如果一个船舱破了进水，只损失一个船舱，其他船舱可以不受影响。舱壁隔离模式在微服务架构中的应用产生各种服务隔离思想。

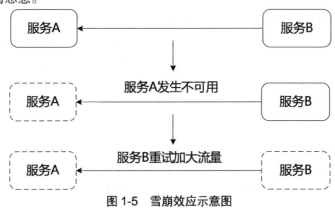

图 1-5　雪崩效应示意图

隔离是微服务架构中最重要的特性，也是实现响应式宣言中所提倡的弹性、可伸缩系统的前提。所谓弹性，就是从失败中恢复的能力，依赖于这种舱壁和失败隔离的设计，并且需要打破同步通信机制。由此，微服务一般是在边界之间使用异步消息传输，从而使得正常的业务逻辑避免对捕获错误、错误处理的依赖。

2．自主行动

上面所讲的隔离性是自主性的前提。只有当服务之间是完全隔离的，才可能实现完全的自主，包括独立的决策、独立的行动以及与其他服务协调合作来解决问题。

从实现上讲，服务自主性仅仅需要确保其对外公布协议的正确性即可。自主性不仅能够让我们更好地了解微服务系统以及各个服务的领域模型，也能够在面对冲突和失败状况时，确保快速定位到问题出在具体的哪一个微服务中。

3．只做一件事，并且尽量做好

大家都知道面向对象设计中有一条单一职责原则（Single Responsibility Principle，SRP），而在微服务架构中一个很大的问题是如何正确地划分各个服务的大小——多大的粒度才能被称为"微"服务。显然，这个"微"和服务本身的职责有直接关系，我们希望一个服务只做一件事，而且在服务内部要把相关的功能做到尽量好。

每一个服务都应该只有一个存在的原因，业务和职责不应该糅杂在一起。如果满足这个要求，所有的服务组织在一起从整体上就能够便于扩展，具有弹性、易理解和易维护的特点。

4．拥有自己的私有状态

在软件设计领域经常会提到状态（State）这个词，而服务之间的状态本质上体现的还是一种数据关系。如果一个数据需要在多个服务之间共享才能完成一项业务功能,那么这项业务功能就被称为有状态。基于这项业务功能所设计和实现的一系列服务之间就形成了一种状态性,这一系列服务就是有状态服务。

很多服务都会把自己的状态下沉到一个庞大的共享数据库中,这也是一些传统 Web 框架的做法。这种做法就会造成在扩展性、可用性以及数据集成上很难做好把控。而在本质上,一个使用共享数据库的微服务架构还是一个单体应用。一个服务既然具有单一职责,那么合理的方式就应该是该服务拥有自己的状态和持久化机制,建模成一个边界上下文。这里就需要充分应用领域驱动设计(Domain Driven Design,DDD)中相关策略设计和技术设计方面的方法和工程实践。关于领域驱动设计以及背后的 Event Sourcing(事件溯源)和 CQRS(Command Query Responsibility Segreation,命令查询职责分离)等概念,读者可参考《实现领域驱动设计》[9],这里不做具体展开。

5. 拥抱异步消息传递

从软件设计上讲,存在三种不同层级的耦合度,即技术耦合度、空间耦合度和时间耦合度。技术耦合度表现在服务提供者与服务消费者之间需要使用同一种技术实现方式。如图 1-6(a)中服务提供者与服务消费者都使用 RMI(Remote Method Invocation)作为通信的基本技术,而 RMI 是 Java 领域特有的技术,也就意味着其他服务消费者想要使用该服务也只能采用 Java 作为它的基本开发语言;空间耦合度指的是服务提供者与服务消费者都需要使用统一的方法签名才能相互协作,图 1-6(b)中的 getUserById(id)方法名称和参数的定义就是这种耦合的具体体现;而时间耦合度则表现在服务提供者与服务消费者只有同时在线才能完成一个完整的服务调用过程,如果出现图 1-6(c)中所示的服务提供者不可用的情况,显然,服务消费者调用该服务时就会失败。

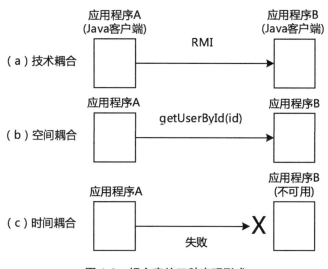

图 1-6 耦合度的三种表现形式

微服务之间通信的最佳机制就是异步消息传递，它能够从技术、空间和时间等多个维度上缓解甚至消除图1-6中的三种耦合度。我们在第5章中会进一步对该话题展开讨论。

同时，异步非阻塞执行是对资源的高效操作，能够最小化访问共享资源时的阻塞消耗，从而提升系统的整体性能。

6．保持移动，但可寻址

异步消息传递带来了服务的位置透明性。所谓位置透明，指的是在多核或者多节点上的微服务在运行时无须改变节点即可动态扩展的能力。这也决定了系统的弹性和移动性，要实现这些，需要依赖云计算带来的一些特性和按需使用的模型。

另一方面，可寻址则是指服务的地址需要稳定，从而可以无限地引用此服务，无论服务目前是否可以被定位到。当服务在运行中、已停止、被挂起、升级中、已崩溃等情形下，地址都应该是可用的，任意客户端能够随时发送消息给一个地址。从这个角度讲，地址应该是虚拟的，可以代表一组实例提供的服务。使用虚拟地址能够让服务消费方无须关心服务目前是如何配置操作的，只要知道地址即可。

1.3.2　整合响应式编程与微服务架构

构建一个分布式系统是复杂而困难的一项工作，微服务架构基于分布式，同时又需要考虑弹性、可伸缩性、隔离性等一系列问题。作为一个微服务架构，服务与服务之间、服务与外部系统之间的通信都是必需的。当我们对被依赖的服务和外部系统无法把控时，就会有很大的失败风险。因此，即使双方之间的通信协议定义得再好，也不能信赖外部服务或系统，需要做好各种措施以保证自身服务的安全。这里我们就可以充分整合响应式编程和微服务架构来实现这一目标。

响应式编程和微服务架构的一个整合点在于我们可以采用响应式编程中的背压（Backpressure）机制来实现数据流处理速度的一致性。在背压机制下，接收方根据自己的接受状况调节接受速率，通过反向的响应来控制发送方的发送速率，以防止一个系统中快速生成数据的部分压垮处理数据较慢的部分。目前，越来越多的工具和框架都在开始拥抱响应式流（Reactive Streams）规范，这些技术使用异步背压实时流来桥接系统，从而在总体上提高系统的可靠性、性能以及互操作性。关于背压和响应式流的具体概念和实现方法，将在下一章具体展开讨论。

在微服务架构的通信模式上，要尽量避免使用同步通信机制，否则就把自身服务的可用性放在了所依赖的第三方服务的控制范围中。上一节中对雪崩效应的产生原因分析已经非常明确地说明了这一点。避免级联失败需要服务足够解耦和隔离，使用异步通信机制是一个最佳的方案。当然，传统的RESTful风格的服务调用仍然适用于可控的服务调用。本书也会分别介绍响应式编程环境下RESTful风格和异步通信风格的服务通信模式及实现方法。

另一方面，整个微服务架构需要的是一种全栈的响应式环境，即响应式微服务开发方式的有效性取决于在整个请求链路中采用了全栈的响应式编程模型。如果某一个环节或步骤不是响应式的，就会出现同步阻塞，从而导致背压机制无法生效。常见的同步阻塞产生的环节除了服务与服务之间的同步通信，还有基于关系型数据库的数据访问，因为传统的关系型数据库都是采用非响应式的数据访问机制。本书也会详细介绍如何使用响应式的数据访问组件实现全栈的响应式编程模型。

1.4 全书架构

图 1-7 归纳了本书内容组织结构上的详细框架。本章作为全书的第 1 章，主要围绕响应式微服务架构本身展开讨论，从响应式编程的核心概念出发，结合微服务架构的设计和实现方法，为读者提供一套关于响应式微服务架构的简略而又完整的知识体系。

图 1-7 全书组织架构

在本章基础上，本书第 2 章将介绍使用响应式编程的基本模型以及该模型的一种代表性实现框架 Reactor。Reactor 框架也是 Spring 5 中默认使用的响应式编程框架。

本书第 3 章到第 7 章将围绕响应式微服务架构实现技术的各个维度展开详细讨论，构成本书的核心内容。其中第 3 章介绍如何构建响应式 RESTful 服务，第 4 章介绍如何构建响应式数据访问组件，第 5 章介绍如何构建响应式消息通信组件，第 6 章介绍如何构建响应式微服务架构，第 7 章则介绍测试响应式微服务架构的方法和工具。

作为总结性的一章，本书第 8 章将通过一个完整的案例贯穿全书内容。针对该案例，我们将首先给出传统微服务架构的实现方法，然后在此基础上详细阐述响应式微服务架构演进的过程和实践。

1.5　本章小结

本章作为全书的开篇，围绕响应式微服务架构的概念和构建方式展开讨论。我们通过对比传统编程方法和响应式编程方法引出响应式编程的核心概念，并引用响应式宣言来阐述响应式系统所应该具备的基本系统特性和维度。

本章同时使用较大篇幅对当下流行的微服务架构做了深入剖析。微服务架构在构建过程中涉及服务的拆分和集成、服务的核心组件，以及如何选择实现微服务架构的技术体系。在本书后续章节中，我们将使用 Spring Cloud 作为实现微服务架构的主要工具。

本章最后部分围绕如何构建响应式微服务架构展开讨论，我们首先分析了响应式微服务架构的设计原则，然后对响应式编程和微服务架构进行了整合。在对响应式微服务架构有一定了解之后，下一章内容将首先介绍响应式编程的具体模型和 Reactor 框架。

第 2 章

响应式编程模型与 Reactor 框架

响应式编程代表的是一种全新的编程模型,包含流、背压等核心概念。同时,响应式编程模型又是一种理论体系,业界也存在基于这一理论体系所创立的统一规范,即响应式流规范。想要掌握响应式编程的实现框架,首先需要深入理解这些概念和规范,这是本章第 1 部分内容。

理论上的概念和规范需要有具体的工具或框架去实现,目前业界也存在一批工具,在各自领域对响应式编程模型进行理解和应用。我们将对这些工具进行概述,并引出贯穿本书后续内容的 Project Reactor 框架(以下简称 Reactor 框架)。Reactor 框架是 Spring 5 中构建各个响应式组件的基础框架,内部提供了 Flux 和 Mono 两个代表异步数据序列的核心组件。本章第 2 部分围绕如何创建 Flux 和 Mono 组件,以及如何灵活应用 Flux 和 Mono 组件的各种常见操作符做了详细展开,并介绍 Reactor 框架中的背压机制。

2.1 响应式编程模型

从传统编程模型到响应式编程模型,我们需要一个转变。本节将从一个简单的接口定义示例开始,逐步引出响应式编程中的一系列核心概念。

下面先来看如下代码示例,从命名上看,这是一个属于数据访问层的接口定义,我们将通过该接口从数据库中获取所有 Order 对象的列表。

```
public interface OrderRepository {
    List<Order> getOrders();
}
```

上述代码中返回的 Order 对象数量可能是一个,也可能是成千上万个,在真实数据返回之前,我们无法知道具体的对象个数。显然,在日常开发过程中,我们认为这种方法定义是有问题的，如果返回的数量过大，则可能导致内存溢出等问题。

我们对 getOrders()方法的返回值做一下调整，就得到了如下代码示例。可以看到，传入了包含分页参数的 Pagable 对象，然后返回一个分页结果对象 Page<Order>。这种带有分页机制的接口定义风格在日常开发过程中非常普遍。

```
public interface OrderRepository {
    Page<Order> getOrders(Pagable page);
}
```

在分页机制中，我们一般需要传入每一页的大小参数（pageSize）以及想要获取的具体页码参数（pageIndex）。也就是说，每次请求的返回对象个数是固定的。在响应式编程模型中，事情会变得更简单。我们将返回一个容器，然后让客户端自己去选择它所需要的对象个数。客户端想要多少，这个容器就可以给多少。为了达到这种效果，要做的事情就是把上述方法定义改成如下代码风格。

```
public interface OrderRepository {
    Flux<Order> getOrders();
}
```

这里引入了一个新的对象类型 Flux，这是 Reactor 框架中特有的一个对象类型，代表包含 0 到 n 个元素的异步序列。我们将在下一节中对 Reactor 框架以及 Flux 对象做具体介绍，在此之前，需要先了解响应式编程中的三个核心概念，分别是流、背压和响应式流。

2.1.1 流

在 1.1.1 节中，我们已经提到了数据流这一概念。本节将深入讨论流以及流量控制的设计理念和实现方法。

1. 流的概念

简单地讲，流就是由生产者生产并由一个或多个消费者消费的元素（Item）的序列。这种生产者/消费者模型也被称为 Source/Sink 模型或发布者/订阅者（Publisher-Subscriber）模型。

关于流的处理，存在两种基本的实现机制：一种是推模型，另一种是拉模型。在推模型中，生产者将元素推送给消费者；而在拉模型中，消费者从生产者中拉取元素。

关于流的处理，还有一个同步和异步的区别。如果消费者请求生产者的元素不可用，显然，在同步请求中消费者必须等待，直到有元素可用。同样，如果生产者同步向消费者发送元素，并且消费者同步处理它们，则生产者在发送数据之前必须阻塞，直到消费者完成数据处理。解决这种阻塞现象的方案就是在两端进行异步处理，消费者可以在生产者请求元素之后继续处理其他任务。当更多的元素准备就绪时，生产者将它们异步发送给消费者。

2. 流量控制

我们再来考虑一个场景，假如生产者发出数据的速度和消费者处理数据的速度有所不同，这时候消费者应该采用特定的策略来消费数据流中的数据。如果消费者处理速度快，则通常没有问题。但如果消费者处理速度跟不上数据发出的速度，就会产生如图 2-1 所示的现象。

图 2-1　生产者生产速度大于消费者消费速度的场景示意图

图 2-1 展示了一个重要的概念，即流量控制（Flow Control）。如果没有流量控制，那么消费者会被生产者快速产生的数据流淹没。流量控制在处理方式上可分为如下 4 种。

（1）节流（Throttling）

节流的意思很简单，即消费者直接丢弃无法处理的元素。

（2）使用缓冲区

当生产者比消费者快的时候，消费者可以采用一个无边界缓冲区来保存快速传入的元素。图 2-2 展示了利用缓冲区（Buffer）来控制流量的示意图。

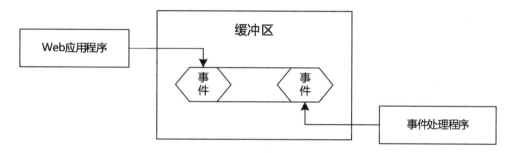

图 2-2　利用缓冲区来控制流量示意图

缓冲区的作用相当于在生产者和消费者之间添加了保存并转发（Store&Forward）的一种机制，把生产者发出的数据暂时存储起来供消费者慢慢消费。

（3）调用栈阻塞

调用栈阻塞（Callstack Blocking）最直接，就是同步线程。相当于很多车行驶在公路上，而公路只有一条车道。那么排在前面的第一辆车就挡住了整条路，后面的车也就只能排在后面。

（4）使用背压

背压是一个新概念，但意思也很明确，就是消费者需要多少，生产者就生产多少。相当于银行办业务时的窗口叫号，窗口主动叫某个号过去（相当于请求），被叫到号的那个人才会去办理。

2.1.2 背压

背压是响应式编程模型中的核心概念,下面专门讨论这个话题。

1. 背压机制

在生产者/消费者模型中,我们意识到消费者在消费由生产者生产的数据的同时,也需要有一种能够向上游反馈流量需求的机制,这种能够向上游反馈流量请求的机制就叫作背压。背压机制示意图如图 2-3 所示。

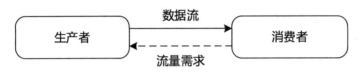

图 2-3 背压机制示意图

我们再从另一个具体的角度出发来讨论背压的概念。在 2.1.1 节中,我们讨论了同步消费和异步消费。其中异步消费者会向生产者订阅接收数据,然后当有新的数据可用时,消费者会通过之前订阅时提供的回调函数激活调用过程。如果生产者发出的数据比消费者能够处理数据的最大量还要多,消费者可能会被迫一直在获取和处理数据,耗费越来越多的资源,从而埋下潜在的崩溃风险。为了防止这一点,需要有一种机制使消费者可以通知生产者降低数据的生成速度。生产者可以采用多种策略来实现这一要求,这就是背压。

采用背压机制后,消费者告诉生产者减慢速率并保存元素,直到消费者能够处理更多的元素。使用背压可确保较快的生产者不会压制较慢的消费者。如果生产者要一直生成和保存元素,使用背压可能要求其拥有无限制的缓冲区。生产者也可以实现有界缓冲区来保存有限数量的元素,如果缓冲区已满,可以选择放弃它们。

2. 背压的实现方式

背压的实现方式有两种,分别是阻塞式背压和非阻塞背压。

(1) 阻塞式背压

阻塞式背压比较容易实现。例如,当生产者和消费者都在同一个线程运行时,其中任何一方都将阻止其他线程执行。这意味着,当消费者被执行时,生产者就不能发出任何新的数据。因此,需要以自然的方式平衡数据生产和消费的过程。

然而,在有些情况下,阻塞式背压会出现不良问题,例如,当生产者有多个消费者时,不是所有消费者都能以同样的速度消费消息。而当消费者和生产者在不同环境中运行时,也根本达不到降压的目的。

(2) 非阻塞背压

背压机制应该以非阻塞的方式工作。实现非阻塞背压的方法是放弃推策略而采用拉策略。生产者发送消息给消费者等操作都可以保留到拉的策略中,消费者会要求生产者生成多少消息量,而且最多只能发送这些量,然后一直等到对更多消息的进一步请求。

2.1.3 响应式流

响应式编程模型的最后一个核心概念是响应式流。响应式流是一种规范,这种规范表现在技术上就是一批被预先定义好的接口。

1. 响应式流规范

响应式流规范是提供非阻塞背压的异步流处理标准的一种倡议。响应式流的目标是定义将数据流从生产者传递到消费者而不需要生产者阻塞。在响应式流模型中,消费者向生产者发送多个元素的异步请求,然后生产者向消费者异步发送合适数量的元素。

各个响应式开发库都要遵循响应式流规范,采用规范的好处显而易见。由于各个响应式开发库都遵循同一套规范,因此互相兼容,不同的开发库之间可以进行交互。我们甚至可以同时在项目中使用多个响应式开发库。对于下一章要详细介绍的 Spring WebFlux 响应式 Web 框架来说,默认使用 Reactor 框架,但也可以使用 RxJava 作为它的响应式开发库。图 2-4 展示了基于响应式流规范的几种代表性的具体技术框架以及它们之间的交互过程,关于这些框架的简要介绍,我们放在下一节。

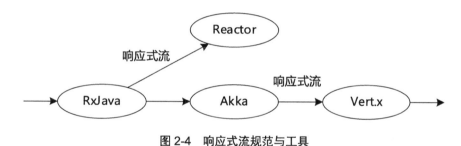

图 2-4 响应式流规范与工具

虽然响应式流规范是用来约束响应式开发库的实现方式的,但作为使用者而言,如果能够了解这一规范,对我们理解开发库的使用方法和基本原理也是很有帮助的,因为规范的内容都是对响应式编程思想的精髓的呈现。

2. 响应式流接口

Java API 版本的响应式流只包含 4 个接口,即 Publisher<T>、Subscriber<T>、Subscription 和 Processor<T,R>。

(1) Publisher<T>

发布者(Publisher)是潜在的包含无限数量的有序元素的生产者,它根据收到的请求向当前订阅者发送元素。Publisher<T>接口定义如下。

```
public interface Publisher<T> {
    public void subscribe(Subscriber<? super T> s);
}
```

（2）Subscriber <T>

订阅者（Subscriber）从发布者那里订阅并接收元素。发布者向订阅者发送订阅令牌（Subscription Token）。使用订阅令牌，订阅者向发布者请求多个元素。当元素准备就绪时，发布者就会向订阅者发送合适数量的元素。然后订阅者可以请求更多的元素，发布者也可能有多个来自订阅者的待处理请求。Subscriber <T>接口定义如下。

```
public interface Subscriber<T> {
    public void onSubscribe(Subscription s);
    public void onNext(T t);
    public void onError(Throwable t);
    public void onComplete();
}
```

当执行发布者的 subscribe()方法时，发布者会回调订阅者的 onSubscribe()方法。在这个方法中，订阅者通常会借助传入的 Subscription 对象向发布者请求 n 个数据。然后发布者通过不断调用订阅者的 onNext()方法向订阅者发出最多 n 个数据。如果数据全部发完，则会调用 onComplete()方法告知订阅者流已经发完；如果有错误发生，则通过 onError()方法发出错误数据，这同样也会终止数据流。

（3）Subscription

订阅（Subscription）表示订阅者订阅的一个发布者的令牌。当订阅请求成功时，发布者将其传递给订阅者。订阅者使用订阅令牌与发布者进行交互，例如，请求更多的元素或取消订阅。Subscription 接口定义如下。

```
public interface Subscription {
    public void request(long n);
    public void cancel();
}
```

当发布者调用 subscribe()方法注册订阅者时，会通过订阅者的回调方法 onSubscribe()传入 Subscription 对象，之后订阅者就可以使用这个 Subscription 对象的 request()方法向发布者请求数据。背压机制的实现正是基于这一点。Publisher、Subscriber 和 Subscription 三者之间的交互关系如图 2-5 所示。

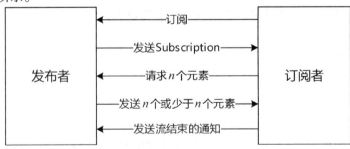

图 2-5 Publisher、Subscriber 和 Subscription 三者交互图

（4）Processor<T,R>

处理器（Processor）充当订阅者和发布者之间的处理媒介。Processor 接口继承了 Publisher 和 Subscriber 接口，它用于转换发布者/订阅者管道中的元素。Processor<T,R>订阅类型 T 的数据元素，接收并转换为类型 R 的数据，然后发布该数据。处理器在发布/订阅管道中充当转换器（Transformer）的角色。Processor 接口定义如下。

```
public interface Processor<T,R> extends Subscriber<T>,
    Publisher<R> {
}
```

Processor 集 Publisher 和 Subscriber 于一身，这三者之间的关系如图 2-6 所示。

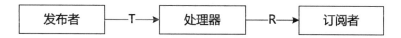

图 2-6　Publisher、Subscriber 和 Processor 三者关系图

这 4 个接口是实现各个响应式开发库之间互相兼容的桥梁，响应式流规范也仅仅聚焦于此，而对诸如转换、合并、分组等操作一概未做要求。因此是一个非常抽象且精简的接口规范。响应式流规范核心接口的交互方式如图 2-7 所示。

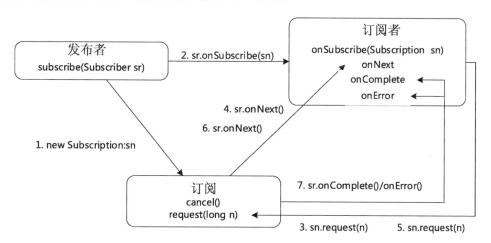

图 2-7　响应式流规范核心接口交互图

图 2-7 所示的交互方式共包含如下 7 个步骤。

① 当使用 subscribe()方法订阅这个发布者时，首先会创建一个具有相应逻辑的 Subscription 对象，这个 Subscription 对象定义了如何处理下游的请求，以及如何发出数据。

② 发布者将这个 Subscription 通过订阅者的 onSubscribe()方法传给订阅者。

③ 在订阅者的 onSubscribe()方法中，需要通过 Subscription 的 request ()方法发起第一次请求。

④ Subscription 收到请求后，就可以通过回调订阅者的 onNext()方法发出元素，有多少发多少，但不能超过请求的个数。

⑤ 订阅者在 onNext()方法中通常定义对元素的处理逻辑，处理完成后，可以继续发起请求。

⑥ 发布者根据需要继续满足订阅者的请求。

⑦ 如果发布者的元素序列正常结束，就通过订阅者的 onComplete()方法告知。如果序列发送过程中有错误，则通过订阅者的 onError()方法告知并传递错误信息。这两种情况都会导致序列终止，订阅过程结束。

2.2 Reactor 框架

响应式编程是一种编程模型，本节将介绍这种编程模型的具体实现工具 Project Reactor 框架(https://projectreactor.io/)。Reactor 框架也是 Spring 5 中实现响应式编程采用的默认框架。

2.2.1 响应式编程实现技术概述

响应式编程就是利用异步数据流进行编程，本质上就是观察者（Observer）模式的一种表现形式。本节首先讨论实现异步操作的几种常见方式，然后引出响应式编程的主流实现技术。

1. 实现异步操作的常见方式

在 Java 中，为了实现异步非阻塞，一般会采用回调（Callback）和 Future 这两种机制，但这两种机制都存在一定局限性。

（1）回调

回调的含义如图 2-8 所示，即类 A 的 methodA()方法调用类 B 的 methodB()方法，然后类 B 的 methodB ()方法执行完毕后再主动调用类 A 的 callback()方法。回调体现的是一种双向的调用方式。

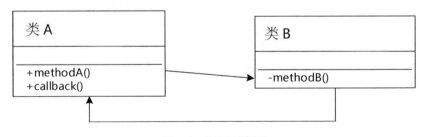

图 2-8　回调示意图

可以看到，回调在任务执行过程中不会造成任何阻塞，任务结果一旦就绪，回调就会被执行。但我们也应该看到在使用回调机制时，代码会从一个类中的某个方法跳到另一个类中的某个方法，从而造成流程的不连续性。对于单层的异步执行而言，回调很容易使用。但是对于嵌套的多层异步组合而言，就显得非常笨拙。所以回调很难大规模地组合起来使用，因为很快就会导致代码难以理解和维护，即形成所谓的"回调地狱（Callback Hell）"问题。

（2）Future

可以把 Future 模式简单理解为这样一种场景：有一个希望处理的任务，把这个任务提交到 Future，Future 就会在一定时间内完成这个任务，而在这段时间内我们可以去做其他事情。作为 Future 模式的实现，Java 中的 Future 接口只包含如下 5 个方法。

```java
public interface Future<V> {
    boolean cancel(boolean mayInterruptIfRunning);
    boolean isCancelled();
    boolean isDone();
    V get() throws InterruptedException, ExecutionException;
    V get(long timeout, TimeUnit unit)?
        throws InterruptedException, ExecutionException, TimeoutException;
}
```

Future 接口中的 cancel()方法用于取消任务的执行；isCancelled()方法用于判断任务是否已经取消；两个 get()方法会等待任务执行结束并获取结果，区别在于是否可以设置超时时间；最后 isDone()方法判断任务是否已经完成。

Future 虽然可以实现获取异步执行结果的需求，但是它没有提供通知机制，我们无法得知 Future 什么时候完成。为了获取结果，我们要么使用阻塞的两种 get()方法等待 Future 结果的返回，这时相当于执行同步操作；要么使用 isDone()方法轮询地判断 Future 是否完成，这样会耗费 CPU 资源。所以，Future 适合单层的简单调用，对于嵌套的异步调用而言同样非常笨重，不适合复杂的服务链路构建。

鉴于 Future 机制存在的缺陷，Java 8 中引入了 CompletableFuture 机制。CompletableFuture 在一定程度上弥补了普通 Future 的缺点。在异步任务完成后，我们使用任务结果时就不需要等待，可以直接通过 thenAccept()、thenApply()、thenCompose()等方法将前面异步处理的结果交给另外一个异步事件处理线程来处理。

CompletableFuture 提供了非常强大的 Future 扩展功能，可以帮助我们简化异步编程的复杂性，并且提供了函数式编程的能力，可以通过回调的方式处理计算结果，也支持转换和组合 CompletableFuture 所提供的各种方法。

对日常开发工作而言，大多数时候我们是在处理简单的任务，这时使用 CompletableFuture 确实可以满足需求。但是，当系统越来越复杂，或者我们需要处理的任务本身就非常复杂时，CompletableFuture 对于多个处理过程的组合仍然不够便捷。使用 CompletableFuture 编排多个 Future 是可行的，但并不容易。我们会担心写出来的代码是否真的没有问题，而随着时间的推移，这些代码会变得越来越复杂和难以维护。为此，我们需要引入响应式编程的相关技术和框架，这些技术和框架能够支持未来更轻松地维护异步处理代码。

2．响应式编程的主流实现技术

目前，响应式编程的主流实现技术包括 RxJava、Akka Streams、Vert.x 和 Project Reactor 等。

（1）RxJava

Reactive Extensions（Rx）是一个类库，它集成了异步基于可观察（Observable）序列的事件驱动编程，最早应用于微软的.NET 平台。而 RxJava 是 Reactive Extensions 的 Java 实现，用于通过使用 Observable/Flowable 序列来构建异步和基于事件的程序库，目前有 1.x 版本和 2.x 版本两套实现。

RxJava 1.x 诞生于响应式流规范之前，虽然可以和响应式流的接口进行转换，但是由于底层实现的原因，使用起来并不是很直观。RxJava 2 在设计和实现时考虑到了与现有规范的整合，按照响应式流规范对接口进行了重写，并把 1.x 版本中的背压功能单独分离出来。但为了保持与 RxJava 1.x 的兼容性，RxJava 2 在很多地方的使用也并不直观。关于 RxJava 的更多内容，可参考官网（http://reactivex.io/）。

（2）Akka Streams

Akka 运行在 JVM 上，是构建高并发、分布式和高弹性的消息驱动应用程序的一个工具套件。Actor 是 Akka 中最核心的概念，它是一个封装了状态和行为的对象，Actor 之间可以通过交换消息的方式进行通信。通过 Actor 能够简化锁及线程管理，可以非常容易地开发出正确的并发程序和并行系统。

Akka 也是响应式流规范的初始成员，而 Akka Streams 是以 Akka 为基础的响应式流的实现，在 Akka 现有的角色模型之上提供了一种更高层级的抽象，支持背压等响应式机制。

（3）Vert.x

Vert.x 是 Eclipse 基金会下的一个开源的 Java 工具，是一个异步网络应用开发框架，用来构建高并发、异步、可伸缩、多语言支持的 Web 应用程序。Vert.x 就是为了构建响应式系统而设计的，基于事件驱动架构，Vert.x 实现了非阻塞的任务处理机制。

Vert.x 中包含 Vert.x Reactive Streams 工具库，该工具库提供了 Vert.x 上响应式流规范的实现。我们可以通过 Vert.x 提供的可读流和可写流处理响应式流规范中的发布者和订阅者。

（4）Project Reactor

Spring 5 中引入了响应式编程机制，而 Spring 5 中默认集成了 Project Reactor 作为该机制的实现框架。Reactor 诞生较晚，可以认为是第二代响应式开发框架。所以，它是一款完全基于响应式流规范设计和实现的工具库，没有 RxJava 那样的历史包袱，在使用上更加直观、易懂。但从设计理念和 API 的表现形式上，Reactor 与 RxJava 比较类似，可以说 Reactor 基于响应式流规范，但在 API 方面又尽可能向 RxJava 靠拢。

Flux 和 Mono 是 Reactor 中的两个核心组件，Flux 代表包含 0 到 n 个元素的异步序列，而

Mono 则表示包含 0 个或 1 个元素的异步序列。Reactor 框架是本书讨论的重点,接下来我们将引入该框架,并给出 Flux 和 Mono 的具体使用方法。

2.2.2 引入 Reactor 框架

如果想在代码中集成 Reactor 框架,则需要添加如下的 Maven 依赖,分别引入 Reactor 的核心功能以及用于支持测试的相关工具类。

```
<dependency>
    <groupId>io.projectreactor</groupId>
    <artifactId>reactor-core</artifactId>
</dependency>

<dependency>
    <groupId>io.projectreactor</groupId>
    <artifactId>reactor-test</artifactId>
    <scope>test</scope>
</dependency>
```

Reactor 框架在实现响应式流规范的基础上有其特定的设计思想。本节先介绍 Reactor 框架的异步数据序列,然后介绍 Flux 和 Mono 这两个核心组件。

1. Reactor 异步数据序列

当使用 Reactor 开发响应式应用程序时,无论采用何种操作符,都将得到一个如图 2-9 所示的异步数据序列。

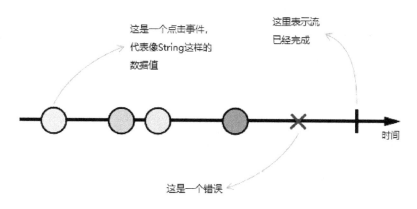

图 2-9 Reactor 框架异步序列模型(来自 Reactor 官网)

图 2-9 中的异步序列模型从语义上可以用如下公式表示。

```
onNext x 0..N [onError | onComplete]
```

以上公式包含如下三种不同类型的方法调用,分别处理不同场景下的消息通知。

- onNext()：正常的包含元素的消息通知。
- onComplete()：序列结束的消息通知，可以没有。
- onError()：序列出错的消息通知，可以没有。

按照响应式流规范，当这些消息通知产生时，异步序列的订阅者中对应的这三个方法将被调用。如果序列没有出错，则 onError() 方法不会被调用；如果不调用 onComplete() 方法，就会得到一个无限异步序列。通常，无限异步序列应该只用于测试等特殊场景。

2．Flux 组件

Flux 代表包含 0～n 个元素的异步序列，如图 2-10 所示。序列的三种消息通知都适用于 Flux。

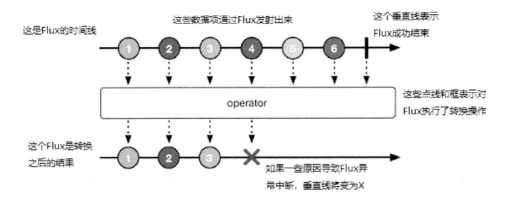

图 2-10　Flux 组件（来自 Reactor 官网）

以下代码示例展示了在具体项目中使用 Flux 组件的方法。如果我们了解微服务架构中基于 Hystrix 的服务回退（Fallback）机制，就应该知道代码中的 getOrdersFallback() 是一个典型的回退函数，我们通过 Flux.fromIterable() 方法构建了 Flux<Order> 对象，作为回退函数的返回值。关于服务回退机制，将在第 6 章中具体介绍。

```java
private Flux<Order> getOrdersFallback() {
    List<Order> fallbackList = new ArrayList<>();

    Order order = new Order();
    order.setId("OrderInvalidId");
    order.setAccountId("InvalidId" );
    order.setItem("Order list is not available");
    order.setCreateTime(new Date());
    fallbackList.add(order);

    return Flux.fromIterable(fallbackList);
}
```

下面的示例更加容易理解一点，从位于方法名上的@GetMapping 注解可以看出，这是一个 Controller 中的端点，用于返回一个 Order 对象列表。这里返回的 Order 列表同样通过 Flux<Order>对象进行呈现。

```
@GetMapping("/v1/orders")
public Flux<Order> getOrderList() {
    Flux<Order> orders = orderService.getOrders();

    return orders;
}
```

3. Mono 组件

在 Reactor 中，Mono 表示包含 0 个或 1 个元素的异步序列，如图 2-11 所示，该序列中同样可以包含与 Flux 相同的三种类型的消息通知。请注意，Mono 也可以用来表示一个空的异步序列，该序列没有任何元素，仅仅包含序列结束的概念（类似于 Java 中的 Runnable）。我们可以用 Mono<Void>代表一个空的异步序列。

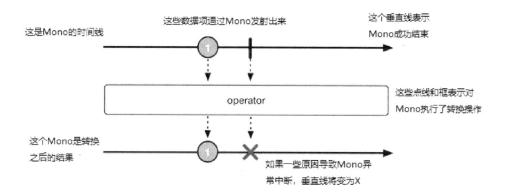

图 2-11 Mono 组件（来自 Reactor 官网）

与 Flux 组件一样，通过服务回退来演示 Mono 组件的用法，示例代码如下。这里首先构建一个 Order 对象，然后通过 Mono.just()方法返回一个 Mono 对象。

```
private Mono<Order> getOrderFallback() {
    Order order = new Order();
    order.setId("OrderInvalidId");
    order.setAccountId("InvalidId" );
    order.setItem("Order list is not available");
    order.setCreateTime(new Date());

    return Mono.just(order);
}
```

Controller 层组件也是一样的，通过 id 获取 Mono<Order>对象的端点示例如下。

```
@GetMapping("/v1/orders/{id}")
public Mono<Order> getOrder(@PathVariable String id) {
   Mono<Order> order = orderService.getOrderById(id);

   return order;
}
```

相较 Mono，Flux 是更通用的一种响应式组件，所以针对 Flux 的操作要比 Mono 更丰富。另一方面，Flux 和 Mono 之间可以相互转换。例如，把两个 Mono 序列合并起来就得到一个 Flux 序列，而对一个 Flux 序列进行计数操作，得到的就是 Mono 对象。

2.3 创建 Flux 和 Mono

在引入 Flux 和 Mono 之后，本节内容将关注于如何创建这两个核心组件。我们将介绍多种创建 Flux 和 Mono 的方法，并提供对应的代码示例。

2.3.1 创建 Flux

创建 Flux 的方式非常多，这些方式可以分成两大类，一类是充分利用 Flux 的静态方法，另一类则是动态创建 Flux。

1. 通过静态方法创建 Flux

（1）just()

just()方法可以指定序列中包含的全部元素，创建出来的 Flux 序列在发布这些元素之后会自动结束。一般情况下，在已知元素数量和内容时，使用 just()方法是创建 Flux 的最简单的做法。使用 just()方法创建 Flux 对象的示意图如图 2-12 所示。

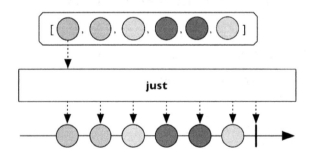

图 2-12　使用 just()方法创建 Flux 示意图（来自 Reactor 官网）

（2）fromArray()、fromIterable()和 fromStream()

如果已经有了一个数组、一个 Iterable 对象或 Stream 对象，那么可以通过 Flux 提供的

fromArray()、fromIterable()和 fromStream()方法从这些对象中自动创建 Flux。其中使用 fromArray()方法创建 Flux 对象的示意图如图 2-13 所示。

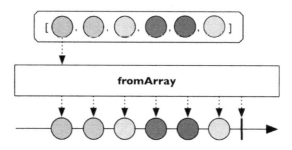

图 2-13　使用 fromArray()方法创建 Flux 示意图（来自 Reactor 官网）

（3）empty()、error()和 never()

根据上一节中介绍的 Reactor 异步序列的语义，可以使用 empty()方法创建一个不包含任何元素而只发布结束消息的序列，也可以使用 error()方法创建一个只包含错误消息的序列，还可以使用 never()方法创建一个不包含任何消息通知的序列。其中使用 empty()方法创建 Flux 对象的示意图如图 2-14 所示。

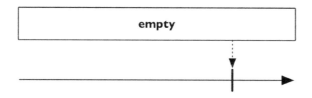

图 2-14　使用 empty()方法创建 Flux 示意图（来自 Reactor 官网）

（4）range()

使用 range(int start, int count)方法可以创建包含从 start 起始的 count 个对象的序列，序列中的所有对象类型都是 Integer，这在有些场景下非常有用。使用 range()方法创建 Flux 对象的示意图如图 2-15 所示。

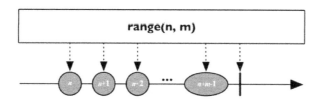

图 2-15　使用 range()方法创建 Flux 示意图（来自 Reactor 官网）

（5）interval()

在 Reactor 框架中，interval()方法表现为一个方法系列，其中 interval(Duration period)方法

用来创建一个包含从 0 开始递增的 Long 对象的序列,序列中的元素按照指定的时间间隔来发布。而 interval(Duration delay, Duration period)方法除了可以指定时间间隔,还可以指定起始元素发布之前的延迟时间。另外,intervalMillis(long period)和 intervalMillis(long delay, long period)与前面两个方法的作用相同,只不过这两个方法通过毫秒数来指定时间间隔和延迟时间。使用 interval()方法创建 Flux 对象的示意图如图 2-16 所示。

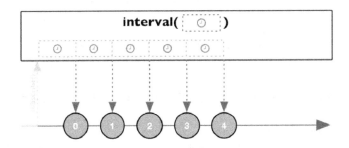

图 2-16　使用 interval()方法创建 Flux 示意图(来自 Reactor 官网)

通过静态方法创建 Flux 的一些代码示例如下,所有代码的订阅者都统一指向 System.out.println()方法,意味着我们将结果打印到系统控制台。

```
Flux.just("Hello", "World").subscribe(System.out::println);
System.out.println("---------");

Flux.fromArray(new Integer[] {1, 2, 3})
    .subscribe(System.out::println);
System.out.println("---------");

Flux.empty().subscribe(System.out::println);
System.out.println("---------");

Flux.range(1, 5).subscribe(System.out::println);
System.out.println("---------");
```

执行以上代码,将在系统控制台中得到如下结果,该结果与我们的预想完全一致。

```
Hello
World
---------
1
2
3
---------
---------
1
2
```

```
3
4
5
---------
```

以上介绍的这些静态方法只适合于简单的序列生成，当生成的序列包含复杂的逻辑时，就需要采用动态的方法来创建 Flux。

2．动态创建 Flux

动态创建 Flux 时，可以使用常见的 generate()方法和 create()方法。

（1）generate()

generate()方法通过同步和逐一的方式来产生 Flux 序列，序列的产生依赖于 Reactor 所提供的 SynchronousSink 组件。SynchronousSink 组件包括 next()、complete()和 error(Throwable)这三个核心方法。从 SynchronousSink 组件的命名上就能看到"同步"的含义，而"逐一"的含义是在具体的元素生成逻辑中，next()方法最多只能被调用一次。使用 generate()方法创建 Flux 的示例代码如下。

```
Flux.generate(sink -> {
    sink.next("Hello");
    sink.complete();
}).subscribe(System.out::println);
```

运行该段代码，我们会在系统控制台上得到"hello"。

（2）create()

create()方法与 generate()方法的不同之处在于前者使用的是 FluxSink 组件。FluxSink 支持同步和异步的消息产生方式，并且可以在一次调用中产生多个元素。使用 create()方法创建 Flux 的示例代码如下。

```
Flux.create(sink -> {
    for (int i = 0; i < 10; i++) {
        sink.next(i);
    }
    sink.complete();
}).subscribe(System.out::println);
```

运行该程序，我们会在系统控制台上得到从 0 到 9 的一个数字序列。通过 create()方法创建 Flux 对象的方式非常灵活，我们会在本书最后一章介绍的案例中再次看到这种方法的使用场景。

2.3.2 创建 Mono

对 Mono 而言，很多创建 Flux 的方法同样适用，Mono 组件中也包含了一些与 Flux 中相同的静态方法，如 just()、empty()、error()和 never()等。除了这些方法，Mono 还有一些特有的静态方法，比较常见的包括 delay()、justOrEmpty()等。

（1）delay()

delay(Duration duration)和 delayMillis(long duration)方法可以用于创建一个 Mono 序列。它们的特点是，在指定的延迟时间之后会产生数字 0 作为唯一值。使用 delay()方法创建 Mono 对象的示意图如图 2-17 所示。

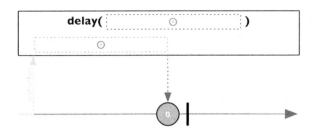

图 2-17　使用 delay()方法创建 Mono 示意图（来自 Reactor 官网）

（2）justOrEmpty()

justOrEmpty(Optional<? extends T> data)方法从一个 Optional 对象创建 Mono，只有当 Optional 对象中包含值时，Mono 序列才产生对应的元素。而 justOrEmpty(T data)方法从一个可能为 null 的对象中创建 Mono，只有对象不为 null 时，Mono 序列才产生对应的元素。使用 justOrEmpty()方法创建 Mono 对象的示意图如图 2-18 所示。

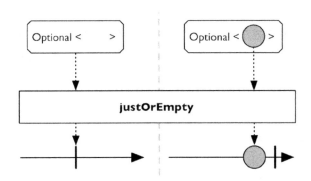

图 2-18　使用 justOrEmpty()方法创建 Mono 示意图（来自 Reactor 官网）

justOrEmpty()方法需要传入一个 Optional 对象，示例代码如下。

```
Mono.justOrEmpty(Optional.of("Hello"))
    .subscribe(System.out::println);
```

要想动态创建 Mono，同样可以通过 create()方法并使用 MonoSink 组件，示例代码如下。

```
Mono.create(sink ->
    sink.success("Hello")).subscribe(System.out::println);
```

2.4 Flux 和 Mono 操作符

和其他主流的响应式编程框架一样，Reactor 框架的设计目标也是为了简化响应式流的使用方法。为此，Reactor 框架提供了大量操作符用于操作 Flux 和 Mono 对象。本书不打算对这些操作符做全面而细致的介绍，我们的思路是将操作符进行分类，然后对每一类中具有代表性的操作符展开讨论。对于其他没有介绍到的操作符，读者可参考 Reactor 框架的官方文档（https://projectreactor.io/docs/core/release/reference）做进一步了解。

在本书中，我们把 Flux 和 Mono 操作符分为如下 7 大类型。
- 转换（Transforming）操作符负责对序列中的元素进行转变。
- 过滤（Filtering）操作符负责将不需要的数据从序列中进行过滤。
- 组合（Combining）操作符负责将序列中的元素进行合并和连接。
- 条件（Conditional）操作符负责根据特定条件对序列中的元素进行处理。
- 数学（Mathematical）操作符负责对序列中的元素执行各种数学操作。
- Observable 工具（Utility）操作符提供的是一些针对流式处理的辅助性工具类。
- 日志和调试（Log&Debug）操作符提供了针对运行时日志以及如何对序列进行代码调试的工具类。

本节将对以上分类中的常见操作符做具体展开，并对部分核心操作符给出相应的代码示例。

2.4.1 转换操作符

Reactor 中常用的转换操作符包括 buffer、map、flatMap 和 window 等。

（1）buffer

buffer 操作符把当前流中的元素收集到集合中，并把集合对象作为流中的新元素。使用 buffer 操作符在进行元素收集时可以指定集合对象所包含的元素的最大数量，该操作符示意图如图 2-19 所示。

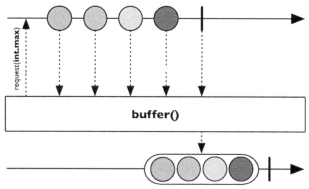

图 2-19　buffer 操作符示意图（来自 Reactor 官网）

以下代码先使用 range() 方法创建 1~50 这 50 个元素，然后演示了使用 buffer 操作符从包含这 50 个元素的流中构建集合，每个集合包含 10 个元素，一共构建 5 个集合。

```
Flux.range(1, 50).buffer(10).subscribe(System.out::println);
```

显然，上面这段代码的执行效果如下。

```
[1, 2, 3, 4, 5, 6, 7, 8, 9, 10]
[11, 12, 13, 14, 15, 16, 17, 18, 19, 20]
[21, 22, 23, 24, 25, 26, 27, 28, 29, 30]
[31, 32, 33, 34, 35, 36, 37, 38, 39, 40]
[41, 42, 43, 44, 45, 46, 47, 48, 49, 50]
```

buffer 操作符的另一种用法是指定收集的时间间隔，由此演变出了 bufferTimeout() 方法。bufferTimeout() 方法可以指定时间间隔为一个 Duration 对象或毫秒数，即使用 bufferMillis() 或 bufferTimeoutMillis() 这两个方法。

除了指定元素数量和时间间隔，还可以通过 bufferUntil 和 bufferWhile 操作符来进行数据收集。bufferUntil 会一直收集，直到断言（Predicate）条件返回 true。使得断言条件返回 true 的那个元素可以选择添加到当前集合或下一个集合中。而 bufferWhile 则只有当断言条件返回 true 时才会收集，一旦值为 false，会立即开始下一次收集。如下代码分别演示了 bufferUntil 和 bufferWhile 的使用方法。

```
Flux.range(1, 10).bufferUntil(i -> i % 2 == 0)
    .subscribe(System.out::println);

System.out.println("---------");

Flux.range(1, 10).bufferWhile(i -> i % 2 == 0)
    .subscribe(System.out::println);
```

以上代码的执行结果如下。

```
[1, 2]
[3, 4]
[5, 6]
[7, 8]
[9, 10]
---------
[2]
[4]
[6]
[8]
[10]
```

（2）map

map 操作符相当于一种映射操作，它对流中的每个元素应用一个映射函数，从而达到变换效果。map 操作符示意图如图 2-20 所示，含义比较明确，这里不再赘述。

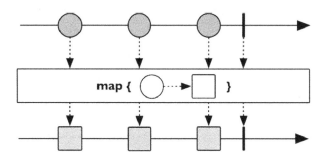

图 2-20　map 操作符示意图（来自 Reactor 官网）

（3）flatMap

与 map 不同，flatMap 操作符把流中的每个元素转换成一个流，再把转换之后得到的所有流中的元素进行合并。flapMap 操作符示意图如图 2-21 所示。

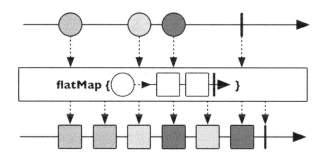

图 2-21　flapMap 操作符示意图（来自 Reactor 官网）

flatMap 操作符非常实用，下面通过代码示例做进一步阐述。如下代码是 flatMap 操作符的一种应用方法。

```
Flux.just(1, 5)
    .flatMap(x -> Mono.just(x * x))
    .subscribe(System.out::println);
```

以上代码中，我们对 1 和 5 这两个元素使用了 flatMap 操作，操作的结果是返回它们的平方值并进行合并，执行效果如下。

1
25

在系统开发过程中，我们经常会碰到对从数据库中查询获取的数据项进行逐一处理的场景，这时可以充分利用 flatMap 操作符的特性开展相关操作。如下代码演示了如何使用该操作符对从数据库中获取的数据进行逐一删除的方法。

```
Mono<Void> deleteFiles = fileRepository
    .findByName(fileName).flatMap(fileRepository::delete);
```

（4）window

window 操作符的作用类似于 buffer，所不同的是，window 操作符是把当前流中的元素收集到另外的 Flux 序列中。因此，返回值类型是 Flux<Flux<T>>，而不是简单的 Flux<T>。window 操作符示意图如图 2-22 所示。

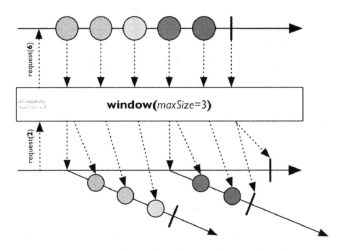

图 2-22　window 操作符示意图（来自 Reactor 官网）

图 2-22 比较复杂，我们还是通过一个简单的示例来进一步阐述 window 操作符的作用，示例代码如下。

```
Flux.range(1, 5).window(2).toIterable().forEach(w -> {
    w.subscribe(System.out::println);
    System.out.println("-------");
});
```

以上代码的执行效果如下。这里生成了 5 个元素，然后通过 window 操作符把这 5 个元素转变成 3 个 Flux 对象，并通过 forEach() 工具方法把这些 Flux 对象打印出来。

```
1
2
-------
3
4
-------
5
```

2.4.2 过滤操作符

Reactor 中常用的过滤操作符包括 filter、first、last、skip/skipLast、take/takeLast 等。

（1）filter

filter 操作符的含义与普通的过滤器类似，就是对流中包含的元素进行过滤，只留下满足指定过滤条件的元素。filter 操作符示意图如图 2-23 所示。

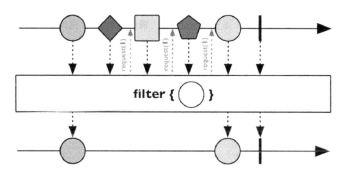

图 2-23　filter 操作符示意图（来自 Reactor 官网）

例如，我们想要对 1~10 这 10 个元素进行过滤，只获取能被 2 取余的元素，可以使用如下代码。

```
Flux.range(1, 10).filter(i -> i % 2 == 0)
    .subscribe(System.out::println);
```

（2）first

first 操作符的执行效果即为返回流中的第一个元素。first 操作符示意图如图 2-24 所示。

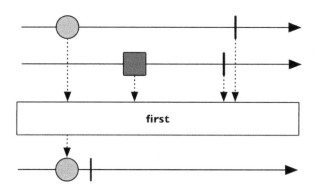

图 2-24　first 操作符示意图（来自 Reactor 官网）

（3）last

last 操作符的执行效果即返回流中的最后一个元素。last 操作符示意图如图 2-25 所示。

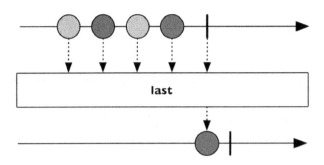

图 2-25　last 操作符示意图（来自 Reactor 官网）

（4）skip/skipLast

如果使用 skip 操作符，将会忽略数据流的前 n 个元素。skip 操作符示意图如图 2-26 所示。

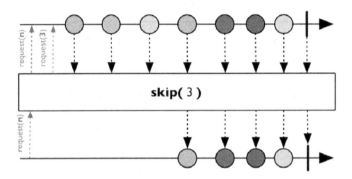

图 2-26　skip 操作符示意图（来自 Reactor 官网）

类似地，如果使用 skipLast 操作符，将会忽略流的最后 n 个元素。skipLast 操作符示意图如图 2-27 所示。

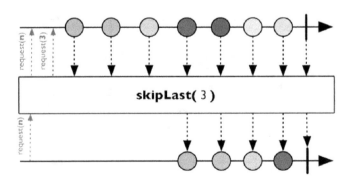

图 2-27　skipLast 操作符示意图（来自 Reactor 官网）

（5）take/takeLast

take 系列操作符用来从当前流中提取元素。我们可以按照指定的数量来提取元素，对应的方法是 take(long n)；同时，也可以按照指定的时间间隔来提取元素，分别使用 take(Duration timespan)和 takeMillis(long timespan)这两个方法实现这一效果。take 操作符示意图如图 2-28 所示。

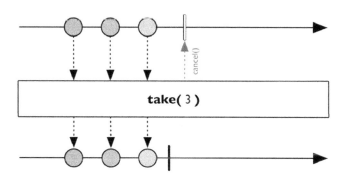

图 2-28　take 操作符示意图（来自 Reactor 官网）

类似地，takeLast 系列操作符用来从当前流中尾部提取元素。takeLast 操作符示意图如图 2-29 所示。

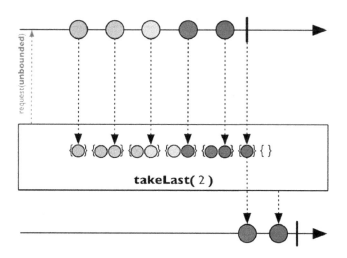

图 2-29　takeLast 操作符示意图（来自 Reactor 官网）

take 和 takeLast 操作符的示例代码如下，我们不难得出它们的执行效果。

```
Flux.range(1, 100).take(10).subscribe(System.out::println);

Flux.range(1, 100).takeLast(10).subscribe(System.out::println);
```

2.4.3 组合操作符

Reactor 中常用的组合操作符有 then/when、merge、startWith 和 zip 等。

（1）then/when

then 操作符的含义是等到上一个操作完成再做下一个。then 操作符示意图如图 2-30 所示。

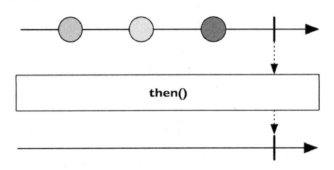

图 2-30 then 操作符示意图（来自 Reactor 官网）

when 操作符的含义则是等到多个操作一起完成。when 操作符示意图如图 2-31 所示。

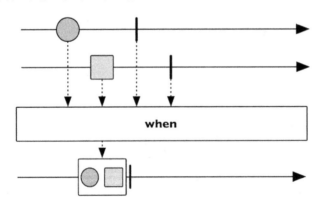

图 2-31 when 操作符示意图（来自 Reactor 官网）

如下代码很好地展示了 when 操作符的实际应用场景。我们对用户上传的文件进行处理，首先把图片复制到文件服务器的某一个路径，然后把路径信息保存到数据库。我们需要确保这两个操作都完成之后方法才能返回，所以用到了 when 操作符。

```
public Mono<Void> updateFiles(Flux<FilePart> files) {
    return files
        .flatMap(file -> {
            Mono<Void> copyFileToFileServer = ...;

            Mono<Void> saveFilePathToDatabase = ...;
```

```
            return Mono.when(copyFileToFileServer,
                saveFilePathToDatabase);
        }
    );
}
```

（2）startWith

startWith 操作符的含义是在数据元素序列的开头插入指定的元素项。startWith 操作符示意图如图 2-32 所示。

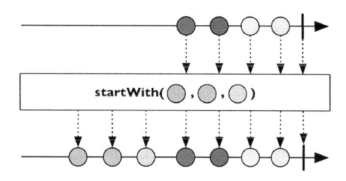

图 2-32　startWith 操作符示意图（来自 Reactor 官网）

（3）merge

merge 操作符用来把多个流合并成一个 Flux 序列，该操作按照所有流中元素的实际产生顺序来合并。merge 操作符示意图如图 2-33 所示。

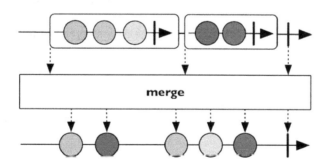

图 2-33　merge 操作符示意图（来自 Reactor 官网）

merge 操作符的代码示例如下，我们通过 Flux.intervalMillis()方法分别创建了两个 Flux 序列，然后用 merge 将它们合并之后打印出来。

```
Flux.merge(Flux.intervalMillis(0, 10).take(3),
    Flux.intervalMillis(5, 10).take(3)).toStream()
        .forEach(System.out::println);
```

请注意，这里的两个 Flux.intervalMillis()方法都限制在 10ms 内生产一个新元素。所以以上代码的执行效果如下。

0
0
1
1
2
2

不同于 merge，mergeSequential 操作符则按照所有流被订阅的顺序以流为单位进行合并。mergeSequential 操作符示意图如图 2-34 所示。。

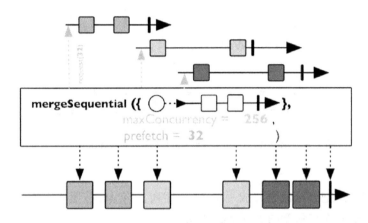

图 2-34　mergeSequential 操作符示意图（来自 Reactor 官网）

现在看一下这段代码，我们仅仅将 merge 操作换成了 mergeSequential 操作。

```
Flux.mergeSequential(Flux.intervalMillis(0, 10).take(3),
    Flux.intervalMillis(5, 10).take(3))
        .toStream().forEach(System.out::println);
```

执行以上代码，将得到如下不同的结果。从结果来看，mergeSequential 操作显然是等上一个流结束之后再用 merge 合并生成新的流元素。

0
1
2
0
1
2

（4）zipWith

zipWith 操作符把当前流中的元素与另外一个流中的元素按照一对一的方式进行合并。

zipWith 操作符示意图如图 2-35 所示。

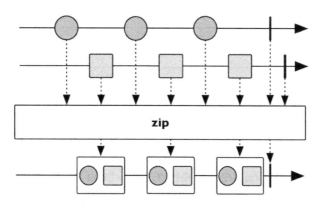

图 2-35　zipWith 操作符示意图（来自 Reactor 官网）

使用 zipWith 操作符在合并时可以不做任何处理，由此得到的是一个元素类型为 Tuple2 的流，示例代码如下。

```
Flux.just("a", "b").zipWith(Flux.just("c", "d"))
    .subscribe(System.out::println);
```

以上代码执行效果如下。

```
[a,c]
[b,d]
```

另一方面，我们也可以通过一个 BiFunction 函数对合并的元素进行处理，所得到的流的元素类型为该函数的返回值，示例代码如下。

```
Flux.just("a", "b").zipWith(Flux.just("c", "d"), (s1, s2) ->
    String.format("%s+%s", s1, s2))
        .subscribe(System.out::println);
```

以上代码执行效果如下，可以看到，我们对输出内容做了自定义的格式化操作。

```
a+c
b+d
```

2.4.4　条件操作符

Reactor 中常用的条件操作符有 defaultIfEmpty、skipUntil、skipWhile、takeUntil 和 takeWhile 等。

（1）defaultIfEmpty

defaultIfEmpty 操作符返回来自原始数据流的元素，如果原始数据流中没有元素，则返回一个默认元素。defaultIfEmpty 操作符示意图如图 2-36 所示。

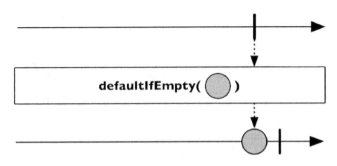

图 2-36　defaultIfEmpty 操作符示意图（来自 Reactor 官网）

defaultIfEmpty 操作符在实际开发过程中应用广泛，通常用在对方法返回值的处理上。如下就是在 Controller 层中对 Service 层返回结果的处理方法，我们使用 defaultIfEmpty 操作符实现默认返回值。从示例代码所展示的 HTTP 端点中，我们通过 defaultIfEmpty 方法在找不到指定的数据时返回一个空对象和 404 状态码。

```
@GetMapping("/article/{id}")
public Mono<ResponseEntity<Article>> findById(@PathVariable
    String id) {
    return articleService.findOne(id)
        .map(ResponseEntity::ok)
        .defaultIfEmpty(ResponseEntity
        .status(404).body(null));
}
```

（2）takeUntil

takeUntil 操作符的基本用法是 takeUntil(Predicate<? super T> predicate)，其中 Predicate 代表一种断言条件，takeUntil 将提取元素直到断言条件返回 true。takeUntil 操作符示意图如图 2-37 所示。

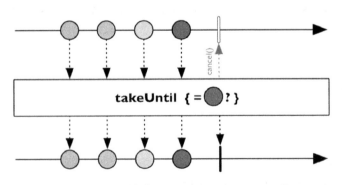

图 2-37　takeUntil 操作符示意图（来自 Reactor 官网）

takeUntil 的示例代码如下，我们希望从一个包含 100 个连续元素的序列中获取 1~10 个元素。

```
Flux.range(1, 100).takeUntil(i -> i == 10)
    .subscribe(System.out::println);
```

（3）takeWhile

takeWhile 操作符的基本用法是 takeWhile(Predicate<? super T> continuePredicate)，其中 continuePredicate 也代表一种断言条件。与 takeUntil 不同的是，takeWhile 会在 continuePredicate 条件返回 true 时才进行元素的提取。takeWhile 操作符示意图如图 2-38 所示。

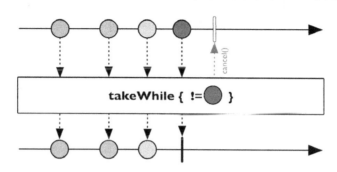

图 2-38 takeWhile 操作符示意图（来自 Reactor 官网）

takeWhile 的示例代码如下，这段代码的执行效果与 takeUntil 的示例代码一致。

```
Flux.range(1, 100).takeWhile(i -> i <= 10)
    .subscribe(System.out::println);
```

（4）skipUntil

与 takeUntil 相对应，skipUntil 操作符的基本用法是 skipUntil (Predicate<? super T> predicate)。skipUntil 将丢弃原始数据流中的元素，直到 Predicate 返回 true。skipUntil 操作符示意图如图 2-39 所示。

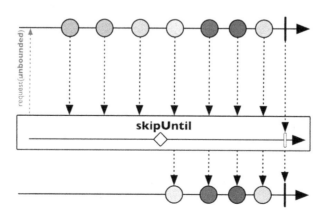

图 2-39 skipUntil 操作符示意图（来自 Reactor 官网）

（5）skipWhile

与 takeWhile 相对应，skipWhile 操作符的基本用法是 skipWhile (Predicate<? super T> continuePredicate)。当 continuePredicate 返回 true 时才进行元素的丢弃。skipWhile 操作符示意图如图 2-40 所示。

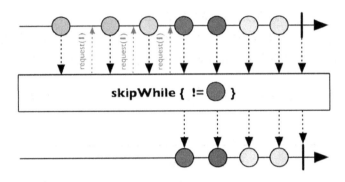

图 2-40　skipWhile 操作符示意图（来自 Reactor 官网）

2.4.5　数学操作符

Reactor 中常用的数学操作符有 concat、count 和 reduce 等。

（1）concat

concat 操作符用来合并来自于不同 Flux 的数据，这种合并采用的是顺序的方式。concat 操作符示意图如图 2-41 所示。

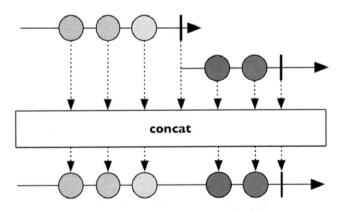

图 2-41　concat 操作符示意图（来自 Reactor 官网）

（2）count

count 操作符比较简单，就是用来统计 Flux 中所有元素的个数。count 操作符示意图如图 2-42 所示。

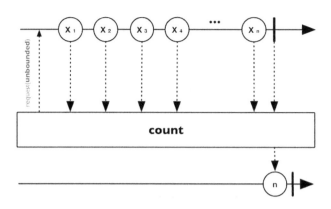

图 2-42　count 操作符示意图（来自 Reactor 官网）

（3）reduce

reduce 操作符对流中包含的所有元素进行累积操作，得到一个包含计算结果的 Mono 序列。具体的累积操作也是通过一个 BiFunction 来实现的，reduce 操作符示意图如图 2-43 所示。

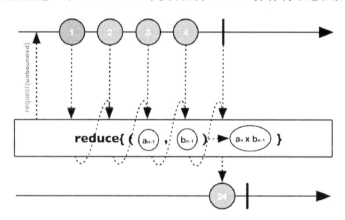

图 2-43　reduce 操作符示意图（来自 Reactor 官网）

reduce 操作符的示例代码如下，这里的 BiFunction 就是一个求和函数，用来对 1 到 10 的数字进行求和，运行结果为 55。

```
Flux.range(1, 10).reduce((x, y) -> x + y)
    .subscribe(System.out::println);
```

与 reduce 操作符类似的还有一个 reduceWith 操作符，用来在进行 reduce 操作时指定一个初始值。reduceWith 操作符示意图如图 2-44 所示。

reduceWith 操作符的代码示例如下，我们使用 5 来初始化求和过程，得到的结果将是 60。

```
Flux.range(1, 10).reduceWith(() -> 5, (x, y) -> x + y)
    .subscribe(System.out::println);
```

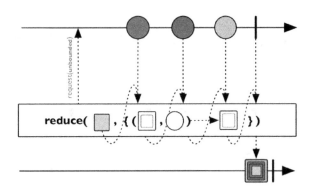

图 2-44 reduceWith 操作符示意图（来自 Reactor 官网）

2.4.6 Observable 工具操作符

Reactor 中常用的 Observable 工具操作符有 delay、subscribe、timeout 等。

（1）delay

delay 操作符将事件的传递向后延迟一段时间。delay 操作符示意图如图 2-45 所示。

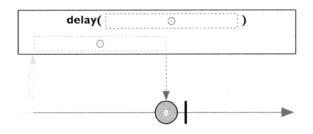

图 2-45 delay 操作符示意图（来自 Reactor 官网）

（2）subscribe

在前面的示例中已经演示了 subscribe 操作符的用法，我们可以通过 subscribe()方法来添加相应的订阅逻辑。在调用 subscribe()方法时可以指定需要处理的消息类型，subscribe 操作符示意图如图 2-46 所示。

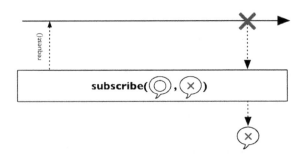

图 2-46 subscribe 操作符示意图（来自 Reactor 官网）

在 2.2.2 节中，我们提到 Reactor 中的消息类型有三种，即正常消息、错误消息和完成消息。subscribe 操作符可以只处理其中包含的正常消息，也可以同时处理错误消息和完成消息。当我们希望通过 subscribe()方法处理正常和错误消息时，可以采用以下方式。

```
Mono.just(100)
    .concatWith(Mono.error(new IllegalStateException()))
    .subscribe(System.out::println, System.err::println);
```

以上代码的执行结果如下，我们得到了一个 100，同时也获取了 IllegalStateException 这个异常。

```
100
java.lang.IllegalStateException
```

有时候我们不想直接抛出异常，而是希望采用一种容错策略来返回一个默认值，就可以采用如下方式。

```
Mono.just(100)
    .concatWith(Mono.error(new IllegalStateException()))
    .onErrorReturn(0)
    .subscribe(System.out::println);
```

以上代码的执行结果如下。当产生异常时，使用 onErrorReturn()方法返回一个默认值 0。

```
100
0
```

另外一种容错策略是通过 switchOnError()方法使用另外的流来产生元素。以下代码演示了这种策略，执行结果与上面的示例一致。

```
Mono.just(100)
    .concatWith(Mono.error(new IllegalStateException()))
    .switchOnError(Mono.just(0))
    .subscribe(System.out::println);
```

（3）timeout

timeout 操作符维持原始被观察者的状态，在特定时间段内没有产生任何事件时，将生成一个异常。timeout 操作符示意图如图 2-47 所示。

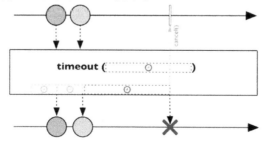

图 2-47　timeout 操作符示意图（来自 Reactor 官网）

（4）block

block 操作符在接收到下一个元素之前一直阻塞。block 操作符示意图如图 2-48 所示。

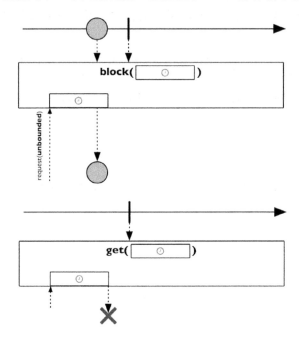

图 2-48　block 操作符示意图（来自 Reactor 官网）

block 操作符常用来把响应式数据流转换为传统的数据流。例如，使用如下方法时，我们分别将 Flux 数据流和 Mono 数据流转变成了普通的 List<Order>对象和单个的 Order 对象，同样可以设置 block 操作的等待时间。

```
public List<Order> getAllOrders() {
    return orderservice.getAllOrders()
        .block(Duration.ofSecond(5));
}

public Order getOrderById(Long orderId) {
    return orderservice.getOrderById(orderId)
        .block(Duration.ofSecond(2));
}
```

2.4.7　日志和调试操作符

Reactor 中常用的日志和调试操作符包括 log 和 debug 等。

（1）log

log 操作符用于观察所有的数据并使用日志工具进行跟踪。log 操作符示意图如图 2-49 所示。

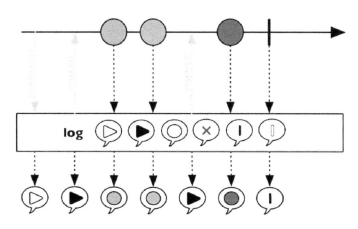

图 2-49　log 操作符示意图（来自 Reactor 官网）

我们可以通过如下代码演示 log 操作符的使用方法，在 Flux.just()方法后直接添加 log()函数。

```
Flux.just(1, 2).log().subscribe(System.out::println);
```

以上代码的执行结果如下（为了显示简洁，部分内容和格式做了调整）。通常，我们也可以在 log()方法中添加参数来指定日志分类的名称。

```
Info: | onSubscribe([Synchronous Fuseable] FluxArray.ArraySubscription)
Info: | request(unbounded)
Info: | onNext(1)
1
Info: | onNext(2)
2
Info: | onComplete()
```

（2）debug

由于响应式编程与传统编程方式的差异性，使用 Reactor 框架编写的代码在出现问题时比较难以调试。为了更好地帮助开发人员进行调试，Reactor 框架提供了相应的工具。

当需要获取更多与流相关的执行信息时，可以在程序开始的地方添加如下代码来启用调试模式。

```
Hooks.onOperator(providedHook ->
    providedHook.operatorStacktrace())
```

在调试模式启用之后，所有的操作符在执行时都会保存与执行链相关的额外信息。当出现错误时，这些信息会被作为异常堆栈信息的一部分输出。通过这些信息可以分析出具体在哪个操作符的执行中出现了问题。

另外一种做法是通过启用检查点（checkpoint）来对特定的流处理链启用调试模式。例如，以下代码演示了如何通过检查点来捕获 0 被作为除数的场景，我们在 map 操作符之后添加了

一个名为 "zero" 的检查点。

```
Mono.just(0).map(x -> 1 / x)
    .checkpoint("zero").subscribe(System.out::println);
```

以上代码的执行结果如下。当出现错误时，检查点信息会包含在异常堆栈中。对于程序中重要或者复杂数据的流处理链，可以在关键位置上启用检查点来帮助定位可能存在的问题。

```
Assembly trace from producer [reactor.core.publisher.MonoMap] :
reactor.core.publisher.Mono.map(Mono.java:2029)
com.tianyalan.reactor.demo.Debug.main(Debug.java:10)
Error has been observed by the following operator(s):
|_  Mono.map(Debug.java:10)
|_  Mono.checkpoint(Debug.java:10)

Suppressed:
reactor.core.publisher.FluxOnAssembly$AssemblySnapshotException: zero
    at
reactor.core.publisher.MonoOnAssembly.<init>(MonoOnAssembly.java:55)
    at reactor.core.publisher.Mono.checkpoint(Mono.java:1304)
    ... 1 more
```

2.5 Reactor 框架中的背压机制

在 Reactor 框架中，针对背压有以下 4 种处理策略。
- ERROR：当下游跟不上节奏时发出一个错误信号。
- DROP：当下游没有准备好接收新的元素时抛弃这个元素。
- LATEST：让下游只得到上游最新的元素。
- BUFFER：缓存下游没有来得及处理的元素，如果缓存不限大小，则可能导致内存溢出。

这几种策略定义在枚举类型 OverflowStrategy 中。不过还有一个 IGNORE 类型，即完全忽略下游背压请求，这可能会在下游队列积满的时候导致异常。

Reactor 框架提供了相应的 onBackpressureXxx 操作符来设置背压，分别对应上述 4 种处理策略。

（1）onBackpressureBuffer
对来自下游的请求采取缓冲策略，如图 2-50 所示。

（2）onBackpressureDrop
元素就绪时，根据下游是否有未响应的请求来判断是否发出当前元素，如图 2-51 所示。

（3）onBackpressureLatest
当有新的请求到来时，将最新的元素发出，如图 2-52 所示。

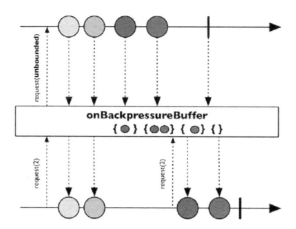

图 2-50　onBackpressureBuffer 操作符示意图（来自 Reactor 官网）

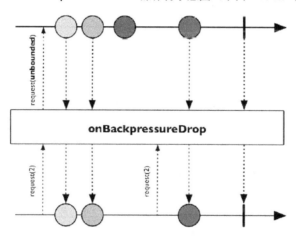

图 2-51　onBackpressureDrop 操作符示意图（来自 Reactor 官网）

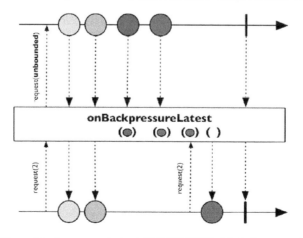

图 2-52　onBackpressureLatest 操作符示意图（来自 Reactor 官网）

（4）onBackpressureError

当有多余元素就绪时，发出错误信号，如图 2-53 所示。

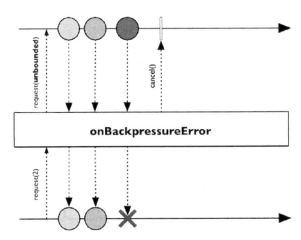

图 2-53　onBackpressureError 操作符示意图（来自 Reactor 官网）

2.6　本章小结

针对响应式流规范，Reactor 框架提供了一整套实现该规范的具体方案，其中最核心的就是代表异步数据序列的 Mono 和 Flux 组件。

Mono 组件代表包含 0 个或 1 个元素的异步序列，而 Flux 组件则代表包含 0 到 n 个元素的异步序列，我们可以通过一组静态方法和动态方法分别创建这两个组件。

另一方面，当成功创建 Mono 和 Flux 组件之后，我们可以使用强大的操作符来操作这些组件，本章介绍了包括转换、过滤、组合、条件、数学以及日志调试等在内的多种常见操作符，这些操作符构成了日常开发过程中对 Mono 和 Flux 对象的主要代码控制手段。

本章最后还对 Reactor 框架中的背压机制做了简单介绍，Reactor 框架提供了 4 种背压处理策略以满足不同的场景需求。

第 3 章

构建响应式 RESTful 服务

在本章中,我们将推荐使用 Spring Boot 作为实现单个微服务的基础框架。Spring Boot 中 Boot 的含义是引导,用于简化 Spring 应用程序从搭建到开发的过程。目前,Spring Boot 被越来越多的开发团队所采用,用于替代原有的 Spring 框架。而在微服务架构中,Spring Boot 也是构成 Spring Cloud 的基础。Spring Boot 经历了从 1.x 版本到 2.x 版本的转变过程,部分组件在使用方式和功能上做了调整。本章首先介绍 Spring Boot 2.x 版本的基本特性,并使用 Spring Boot 构建第一个 RESTful 风格的单体服务。同时,我们也会利用 Spring Boot 自带的 Actuator 组件来实现内置以及可扩展的通用功能。

另外,在新的 Spring 5.x 和 Spring Boot 2.x 中引入了 WebFlux 组件。WebFlux 基于响应式流,因此,可以用来创建异步的、非阻塞的、事件驱动的服务。它采用上一章介绍的 Reactor 作为首选的响应式流的实现库,不过也提供了对 RxJava 的支持。WebFlux 是一种全新的响应式 Web 框架,本章将对比响应式 Spring WebFlux 与传统的 Spring WebMvc,并分别介绍使用注解编程模型和函数式编程模型这两种创建响应式 RESTful 服务的方法和实践。

3.1 使用 Spring Boot 2.0 构建微服务

Spring Boot 的设计目的是用来简化 Spring 应用程序的初始搭建和开发过程。为了实现这种简化效果,Spring Boot 集成了众多第三方库,并大量使用约定优于配置(Convention Over Configuration)的设计理念,通过特定的方式使得开发人员不再需要定义繁杂而多余的配置内容。

3.1.1 Spring Boot 基本特性

在引入 Spring Boot 之前,我们先来回顾一下使用 Spring 完成 Web 应用程序开发的整体过程，通常包括使用 web.xml 定义 Spring 的 DispatcherServlet、完成启动 Spring MVC 的配置文件、编写响应 HTTP 请求的 Controller，以及将服务部署到 Tomcat Web 服务器等步骤（见图 3-1）。Spring 框架自诞生以来，以上过程被广泛采用并形成了一套固定的开发模式。但开发过程同样在不断发展，基于传统的 Spring MVC 框架进行开发逐渐暴露出一些问题，比较典型的就是过于复杂和繁重的配置工作。

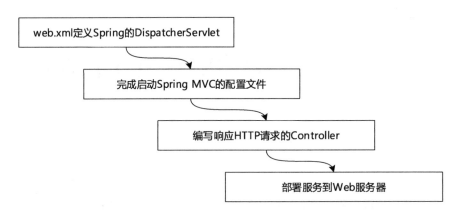

图 3-1　基于 Spring MVC 的开发流程

如果想要优化这一套开发过程，有几点值得我们去挖掘，如使用约定优于配置思想的自动化配置、启动依赖项自动管理、简化部署并提供应用监控等。这些优化点推动了以 Spring Boot 为代表的新一代开发框架的诞生，基于 Spring Boot 的开发流程见图 3-2，可以看到它与基于 Spring MVC 的开发流程在配置信息的管理、服务部署和监控等方面有明显不同。

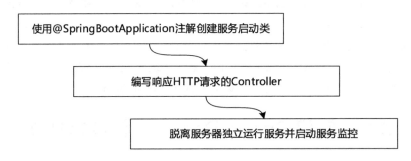

图 3-2　基于 Spring Boot 的开发流程

Spring Boot 的核心优势体现在编码、配置、部署、监控等多个方面。基于 Spring Boot，我们只需要在 Maven 中添加一项依赖并实现一个方法，就可以暴露微服务架构中所推崇的 RESTful 风格接口。同时，把 Spring 中基于 XML 的配置方式转换为 Java Config，把基于 *.properties/*.xml 的配置文件转换成语义更为强大的 *.yml。同时，对常见的各种功能组件均提供了默认的 starter 依赖以简化 Maven 配置。从部署方式上看，相较于传统模式下的 war 包，

Spring Boot 部署包既包含了业务代码和各种第三方类库，同时也内嵌了 HTTP 容器。这种包结构支持 java -jar 命令方式的一键启动，不需要预部署应用服务器，通过默认内嵌 Tomcat 降低对运行环境的基本要求。同样，基于本章后续将要介绍的 spring-boot-actuator 组件，我们可以通过 RESTful 接口获取 JVM 性能指标、线程工作状态等运行时信息。这些特点促使我们选择 Spring Boot 来构建微服务。

3.1.2 基于 Spring Boot 的第一个 RESTful 服务

微服务架构推崇采用 RESTful 风格实现服务之间的交互。关于 RESTful，很多开发人员存在知识体系上的一些误解和不足。本节先对 RESTful 风格做简单介绍，然后详细阐述使用 Spring Boot 构建单个 RESTful 服务的过程。

1. RESTful 风格简介

REST 提出了一组架构约束条件和原则，满足这些约束条件和原则的设计风格就是 RESTful。现实世界中的事物都可以被认为是一种资源，我们可以根据这些约束条件和原则设计以资源为中心的服务。REST 中最重要的一条原则就是客户端和服务器之间交互的无状态性（Stateless）。从客户端到服务器的每个请求都必须包含理解该请求所必需的信息，无状态请求可以由任何可用服务实现响应，十分适合微服务架构的运行环境。所以，RESTful 代表的实际上是一种风格，而不是一种设计和架构模式，更不是一种具体的技术体系。

关于 RESTful 另一个比较容易忽略的核心概念是 HATEOAS（Hypermedia as the Engine of Application State，基于超媒体的应用状态引擎）。要解释 HATEOAS 这个概念，先要解释什么是超媒体。我们已经知道什么是多媒体（Multimedia），以及什么是超文本（Hypertext）。其中超文本特有的优势是拥有超链接（Hyperlink）。如果把超链接引入到多媒体中，就得到了超媒体。因此，关键要素还是超链接。使用超媒体作为应用引擎状态，意思就是应用引擎的状态变更由客户端访问不同的超媒体资源来驱动。使用 HATEOAS 表现服务请求响应的风格如下，可以看到这里多了_links 属性，其中有一个 self.href 链接指向当前 user 资源。

```
GET  http://api.example.com/users/tianyalan
Content-Type: application/json
{
  _links: {
    self: {
        href: "/users/tianyalan"
    }
  }
  "id": "tianyalan ",
  "name": "tianyalan",
  "email": "tianyalan@email.com"
}
```

HATEOAS 在 Spring Boot 和 Spring Cloud 中应用也非常广泛。例如，Spring Boot 提供了系统监控组件 Actuator，通过 Actuator 可以获取 Spring Boot 应用程序当前的运行状态，我们将在下一节中详细讨论 Actuator 组件。Actuator 组件对外暴露的也是一系列 HTTP 端点，访问这些端点返回的数据跟常见的 RESTful 风格有所不同，这就是 HATEOAS 风格。在微服务架构设计和实现过程中经常会看到这种风格。由于 HATEOAS 不是本书的重点，所以读者可参考相关资料做进一步了解[10]。

2. 引入 spring-boot-starter-web 工程

Spring Boot 提供了一系列 starter 工程来简化各组件之间的依赖关系。例如，在 Spring Boot 中开发基于 RESTful 风格的 HTTP 端点时，通常会引入 spring-boot-starter-web 这个工程，而打开这个工程会发现里面实际上只定义了如下所示的一些 pom 依赖，其中包括所有我们能够预见到的组件，例如，经典的 spring-web 和 spring-webmvc 组件，可以看到，spring-boot-starter-web 本质上还是基于这两个组件构建 Web 请求响应流程。另外，还包含用于 JSON 序列化和反序列化的 jackson-databind 组件，以及启动内置 Tomcat 服务器的 spring-boot-starter-tomcat 组件。

- org.springframework.boot:spring-boot-starter
- org.springframework.boot:spring-boot-starter-tomcat
- org.springframework.boot:spring-boot-starter-validation
- com.fasterxml.jackson.core:jackson-databind
- org.springframework:spring-web
- org.springframework:spring-webmvc

引入 spring-boot-starter-web 组件就像引入一个普通的 Maven 依赖一样，代码如下。

```xml
<dependency>
    <groupId>org.springframework.boot</groupId>
    <artifactId>spring-boot-starter-web</artifactId>
</dependency>
```

一旦 spring-boot-starter-web 组件引入完毕，我们就可以充分利用 Spring Boot 提供的自动配置机制开发单个微服务。

3. Bootstrap 类

使用 Spring Boot 的首要一步是创建一个 Bootstrap（启动）类。Bootstrap 类结构简单且比较固化，代码如下。

```java
import org.springframework.boot.SpringApplication;
import org.springframework.boot.autoconfigure.SpringBootApplication;

@SpringBootApplication
public class HelloApplication {

    public static void main(String[] args) {
```

```
    SpringApplication.run(HelloApplication.class, args);
  }
}
```

显然，以上代码中最关键的是@SpringBootApplication 注解。Spring Boot 使用@SpringBootApplication 注解来告诉 Spring 容器具备该注解的类是整个 Spring 容器中所有 JavaBean 对象的入口，而具备该注解的类在 Spring Boot 中就是 Bootstrap 类。在上面的代码中，HelloApplication 类就是整个 Spring 容器的 Bootstrap 类。

@SpringBootApplication 注解在指定 Bootstrap 类的同时，还会自动扫描与当前类同级以及子包下的@Component、@Service、@Repository、@Controller、@Entity 等注解，并把这些注解对应的类转换为 Bean 对象全部加载到 Spring 容器中管理起来。@SpringBootApplication 注解的定义如下，我们可以看到该注解实际上由三个注解组合而成，分别是@Configuration、@EnableAutoConfiguration 和@ComponentScan。

```
@Target(ElementType.TYPE)
@Retention(RetentionPolicy.RUNTIME)
@Documented
@Inherited
@Configuration
@EnableAutoConfiguration
@ComponentScan
public @interface SpringBootApplication
```

在 Spring 中，@Configuration 注解比较常见，提供了 JavaConfig 配置类实现。而@ComponentScan 则扫描@Component 等注解，把相关的 Bean 定义批量加载到 IoC 容器中。@EnableAutoConfiguration 注解最终会使用 JDK 所提供的 SPI（Service Provider Interface，服务提供者接口）机制来实现类的动态加载。关于@EnableAutoConfiguration 注解更多的原理介绍，可以参考相关资料[11]。

我们还注意到，在上面的代码示例中包含一个 main 函数并执行了 SpringApplication.run() 方法，该方法的作用就是启动 Spring 容器，并返回 Spring 的 ApplicationContext 对象，我们同样可以根据需要对该 ApplicationContext 对象做相应处理。

4．Controller 类

Bootstrap 类提供了 Spring Boot 应用程序的入口，相当于应用程序已经有了最基本的骨架。接下来我们就可以添加各种业务相关的访问入口，表现在 RESTful 风格上也就是一系列的 Controller 类所代表的 HTTP 端点（Endpoint）。这里的 Controller 与 Spring MVC 中的 Controller 在概念上是一致的，最简单的 Controller 类如下。

```
@RestController
public class HelloController {

    @GetMapping("/")
```

```
    public String index() {
        return "Hello Spring Boot!";
    }
}
```

以上代码包含了@RestController 和@GetMapping 这两个注解。我们知道，在 Spring MVC 中包含了@Controller 注解，用来标识当前类是一个 Servlet。而@RestController 注解继承自 @Controller 注解，它告诉 Spring Boot 这是一个基于 RESTful 风格的 HTTP 端点，并且会自动使用 JSON 实现 HTTP 请求和响应的序列化/反序列化操作。通过这个特性，我们在构建 REST 服务时可以使用@RestController 注解来代替@Controller 注解以简化开发。另外一个 @GetMapping 注解也与 Spring MVC 中的@RequestMapping 注解类似。Spring Boot 2 中引入的一批新注解除了@GetMapping，还有@PutMapping、@PostMapping、@DeleteMapping 等注解，方便开发人员显式指定 HTTP 的请求方法。

以下代码展示了一个典型的 Controller，在 Controller 中通过静态的业务代码完成根据商品编号（productCode）获取商品信息的业务流程。这里用到了两层 Mapping 注解，在服务层级定义了服务的版本和根路径，分别为 v1 和 products；而在操作级别又定义了 HTTP 请求方法的具体路径及参数信息。

```
@RestController
@RequestMapping(value = "v1/products")
public class ProductController {

    @GetMapping("/{productCode}")
    public Product getProduct(@PathVariable String productCode) {

        Product product = new Product();
        product.setId(1L);
        product.setPrice(100F);
        product.setProductCode("product001");
        product.setProductName("New Product");
        product.setDescription("Description of The Product");

        return product;
    }
}
```

5. 运行 RESTful 服务

现在服务已经开发完成，我们可以通过 java –jar 命令直接运行 Spring Boot 应用程序。在启动日志中，我们发现了以下输出内容（为了显示效果，部分内容做了调整），可以看到自定义的两个 Controller 都已经启动成功并准备接收响应。

```
RequestMappingHandlerMapping : Mapped "{[/]}" onto public java.lang.String
com.tianyalan.springboot.HelloController.index()
```

```
RequestMappingHandlerMapping    :   Mapped "{[/v1/products/{productCode}],
methods=[GET]}"   onto  public  com.tianyalan.springboot.product.Product
com.tianyalan.springboot.product.ProductController.getProduct(java.lang.S
tring)
```

当日志中出现以下信息时，代表 Spring Boot 已经启动成功。

```
tianyalan.springboot.HelloApplication  : Started HelloApplication in 10.976
seconds (JVM running for 11.978)
```

在本章中，我们将引入 Postman（https://www.getpostman.com/）来演示如何通过 HTTP 协议暴露的端点进行远程服务访问。Postman 提供了强大的 Web API 和 HTTP 请求调试功能。Postman 能够发送任何类型的 HTTP 请求（如 GET、HEAD、POST、PUT 等），并能附带任何数量的参数和 HTTP 请求头（Header）。图 3-3 展示了我们通过 Postman 访问"http://localhost:8080/v1/products/product001"端点时得到的 HTTP 响应结果。

图 3-3　RESTful 服务执行效果图

3.1.3　使用 Actuator 组件强化服务

本节将介绍 Spring Boot 自带的系统监控功能，系统监控在 Spring 中是缺失的，而 Spring Boot 考虑到了这方面需求并提供了 Actuator 组件。Actuator 是 Spring Boot 提供的一种集成组件，可以实现应用系统的运行时状态管理、配置查看以及相关功能统计。

1．引入 Spring Boot Actuator 组件

初始化 Spring Boot 监控需要引入 Spring Boot Actuator 组件，而 Spring Boot Actuator 组件又依赖于 Spring HATEOAS 组件，所以需要在 pom 中添加如下两个 Maven 依赖。

```xml
<dependency>
    <groupId>org.springframework.boot</groupId>
    <artifactId>spring-boot-starter-actuator</artifactId>
</dependency>

<dependency>
    <groupId>org.springframework.hateoas</groupId>
    <artifactId>spring-hateoas</artifactId>
</dependency>
```

当启动 Spring Boot 应用程序时，我们在启动日志里会发现自动添加了 autoconfig、dump、beans、actuator、health 等众多 HTTP 端点。当访问 http://localhost:8080/application 端点时会得到如下结果，这种响应结果就是 HATEOAS 风格的 HTTP 响应。注意，本书默认情况下介绍的都是基于 2.x 版本的 Spring Boot，而在 Spring Boot 1.x 中，包含同样功能的 HTTP 端点是 http://localhost:8080/actuator 端点。

```
{
    "_links":{
        "self":{
            "href":"http://localhost:8080/application",
            "templated":false
        },
        "archaius":{
            "href":"http://localhost:8080/application/archaius",
            "templated":false
        },
        "auditevents":{
            "href":"http://localhost:8080/application/auditevents",
            "templated":false
        },
        "beans":{
            "href":"http://localhost:8080/application/beans",
            "templated":false
        },
        "autoconfig":{
            "href":"http://localhost:8080/application/autoconfig",
            "templated":false
        },
        "configprops":{
            "href":"http://localhost:8080/application/configprops",
            "templated":false
        },
        "env":{
            "href":"http://localhost:8080/application/env",
            "templated":false
```

```
    },
    "env-toMatch":{
        "href":"http://localhost:8080/application/env/{toMatch}",
        "templated":true
    },
    "health":{
        "href":"http://localhost:8080/application/health",
        "templated":false
    },
    "status":{
        "href":"http://localhost:8080/application/status",
        "templated":false
    },
    "info":{
        "href":"http://localhost:8080/application/info",
        "templated":false
    },
    "loggers":{
        "href":"http://localhost:8080/application/loggers",
        "templated":false
    },
    "loggers-name":{
        "href":"http://localhost:8080/application/loggers/{name}",
        "templated":true
    },
    "threaddump":{
        "href":"http://localhost:8080/application/threaddump",
        "templated":false
    },
    "metrics-requiredMetricName":{
        "href":"http://localhost:8080/application/metrics/
            {requiredMetricName}",
        "templated":true
    },
    "metrics":{
        "href":"http://localhost:8080/application/metrics",
        "templated":false
    },
    "trace":{
        "href":"http://localhost:8080/application/trace",
        "templated":false
    },
    "mappings":{
        "href":"http://localhost:8080/application/mappings",
        "templated":false
    },
```

```
            "refresh":{
                "href":"http://localhost:8080/application/refresh",
                "templated":false
            },
            "features":{
                "href":"http://localhost:8080/application/features",
                "templated":false
            },
            "service-registry":{
                "href":"http://localhost:8080/application/service-registry",
                "templated":false
            },
            "heapdump":{
                "href":"http://localhost:8080/application/heapdump",
                "templated":false
            }
        }
    }
```

根据端点的作用，我们可以把 Spring Boot Actuator 提供的这些原生端点分为如下三类。

- 应用配置类：获取应用程序中加载的应用配置、环境变量、自动化配置报告等与 Spring Boot 应用密切相关的配置类信息。
- 度量指标类：获取应用程序运行过程中用于监控的度量指标，比如内存信息、线程池信息、HTTP 请求统计等。
- 操作控制类：在原生端点中，只提供了一个用来关闭应用的端点，即/shutdown 端点。

Spring Boot Actuator 默认提供的端点列表中部分常见端点的类型、路径和描述参考表 3-1。

表 3-1　Spring Boot Actuator 部分端点列表

类 型	路 径	描 述
应用配置类	/autoconfig	该端点用来获取应用的自动化配置报告，其中包括所有自动化配置的候选项。同时还列出了每个候选项的各个先决条件是否满足，因此，该端点可以帮助我们方便地找到一些自动化配置为什么没有生效的具体原因
	/configprops	该端点用来获取应用中配置的属性信息报告。我们可以通过该报告来查看各个属性的配置路径，比如，要关闭端点的配置属性，就可以通过使用 endpoints.configprops.enabled=false 来完成设置
	/beans	该端点用来获取应用上下文中创建的所有 Bean 以及它们之间的相互关系
	/env	该端点用来获取应用中所有可用的环境属性报告，包括环境变量、JVM 属性、应用配置信息、命令行中的参数等
	/info	该端点用来返回一些应用自定义的信息。默认情况下，该端点只会返回一个空的 JSON 串。我们可以在 application.properties 配置文件中通过 info 前缀来设置一些属性

续表

类 型	路 径	描 述
应用配置类	/mappings	该端点用来返回所有的 Controller 映射关系报告。该报告的信息与我们在启动 Web 应用时输出的日志信息类似，包含 bean 和 method 这两个核心属性，其中 bean 属性标识了该映射关系的请求处理器，method 属性标识了该映射关系的具体处理类和处理函数
度量指标类	/metrics	该端点用来返回当前应用的各类重要度量指标，如内存信息、线程信息、垃圾回收信息等
	/dump	该端点用来暴露程序运行中的线程信息
	/health	该端点用来获取应用的各类健康指标信息，这些指标信息由 HealthIndicator 的实现类提供
	/trace	该端点用来返回基本的 HTTP 跟踪信息，包括时间戳和 HTTP 头等
操作控制类	/shutdown	该端点用来关闭应用程序，要求 endpoints.shutdown.enabled 设置为 true

我们可以访问表 3-1 中的各个端点获取自己感兴趣的监控信息。例如，访问 http://localhost:8080/health，可以得到当前服务器的基本状态，具体如下。

```
{
    "status":"UP",
    "diskSpace":{
        "status":"UP",
        "total":73400315904,
        "free":4874935220,
        "threshold":10485760
    }
}
```

如果 Spring Boot Actuator 默认提供的端点信息不能满足需求，还可以对其进行修改和扩展。常见实现方案有两种，一种是扩展现有的监控端点，另一种是自定义新的监控端点。本节后续内容将分别通过实例介绍这两个实现方法。首先来看一下如何在现有的监控端点上添加定制化功能，我们将对最常见的 Info、Health 和 Metrics 端点进行扩展。

2．扩展 Info 端点

Info 端点用于暴露 Spring Boot 应用的自身信息。在 Spring Boot 内部，它把这部分工作委托给了 InfoContributor 对象。Info 端点会暴露所有的 InfoContributor 对象所收集的各种信息，Spring Boot 包含很多自动配置的 InfoContributor 对象，常见的 InfoContributor 及其描述如表 3-2 所示。

表 3-2　常见 Info 端点列表

名 称	描 述
EnvironmentInfoContributor	暴露 Environment 中 key 为 info 的所有 key
GitInfoContributor	如果存在 git.properties 文件，则暴露 git 信息
BuildInfoContributor	如果存在 META-INF/build-info.properties 文件，则暴露构建信息

以 EnvironmentInfoContributor 为例，通过配置文件中添加格式以"info"开头的配置段，可以定义 Info 端点暴露的数据。所有在"info"配置段下的 Environment 属性都将被自动暴露，例如，可以将以下配置信息添加到配置文件 application.yml 中。

```yaml
info:
  app:
    encoding: UTF-8
    java:
        source: 1.8.0_31
        target: 1.8.0_31
```

现在通过访问 Info 端点，就能得到如下的 Environment 信息。

```json
{
    "app":{
        "encoding":"UTF-8",
        "java":{
            "source":"1.8.0_31",
            "target":"1.8.0_31"
        }
    }
}
```

同时，我们还可以在服务构建时扩展 Info 属性，而不是硬编码这些值。假设使用 Maven，可以按以下配置重写前面的示例并得到同样的效果。

```yaml
info:
  app:
    encoding: @project.build.sourceEncoding@
    java:
      source: @java.version@
      target: @java.version@
```

更多的时候，Spring Boot 自身提供的 Info 端点并不能满足业务需求，这就需要编写自定义的 InfoContributor 对象。方法也很简单，直接实现 InfoContributor 接口的 contribute()方法即可。例如，我们希望在 Info 端点中能够暴露该应用的构建时间，就可以采用如下代码示例。

```java
@Component
public class CustomBuildInfoContributor implements InfoContributor {

    @Override
    public void contribute(Builder builder) {
       builder.withDetail("build",
           Collections.singletonMap("timestamp", new Date()));
    }
}
```

重新构建应用并访问 Info 端口，将获取如下信息，可以看到，CustomBuildInfoContributor

为 Info 端口新增了构建时间属性。

```
{
    "app":{
        "encoding":"UTF-8",
        "java":{
            "source":"1.8.0_31",
            "target":"1.8.0_31"
        }
    },
    "build":{
        "timestamp":1527929903710
    }
}
```

3. 扩展 Health 端点

Health 端点用于检查正在运行的应用程序的健康状态。健康状态信息是由 HealthIndicator 对象从 Spring 的 ApplicationContext 中获取的。和 Info 端点一样，Spring Boot 内部也提供了一系列 HealthIndicator 对象，而我们也可以实现自定义。默认情况下，最终的系统状态由 HealthAggregator 根据 HealthIndicator 的有序列表对每个状态进行排序，常见的 HealthIndicator 如表 3-3 所示。

表 3-3 常见的 Health 端点列表

名称	描述
CassandraHealthIndicator	检查 Cassandra 数据库是否启动
DiskSpaceHealthIndicator	检查磁盘空间是否足够
DataSourceHealthIndicator	检查是否可以获得连接 DataSource
ElasticsearchHealthIndicator	检查 Elasticsearch 集群是否启动
InfluxDbHealthIndicator	检查 InfluxDB 服务器是否启动
JmsHealthIndicator	检查 JMS 代理是否启动
MailHealthIndicator	检查邮件服务器是否启动
MongoHealthIndicator	检查 Mongo 数据库是否启动
Neo4jHealthIndicator	检查 Neo4j 服务器是否启动
RabbitHealthIndicator	检查 RabbitMQ 服务器是否启动
RedisHealthIndicator	检查 Redis 服务器是否启动
SolrHealthIndicator	检查 Solr 服务器是否已启动

Health 端点信息的丰富程度取决于当下应用程序所处的环境，一个真实的 Health 端点信息如下。通过这些信息可以判断该环境中包含了 MongoDB 数据库、Spring Cloud 中的注册中心 Eureka（其中注册了一个名为 PRODUCTSERVICE 的服务）、配置中心 configServer 以及服务熔断器 hystrix。

```json
{
    "status":"UP",
    "details":{
        "diskSpace":{
            "status":"UP",
            "details":{
                "total":73400315904,
                "free":7484985344,
                "threshold":10485760
            }
        },
        "mongo":{
            "status":"UP",
            "details":{
                "version":"3.5.11"
            }
        },
        "refreshScope":{
            "status":"UP"
        },
        "discoveryComposite":{
            "status":"UP",
            "details":{
                "discoveryClient":{
                    "status":"UP",
                    "details":{
                        "services":[
                            "productservice"
                        ]
                    }
                },
                "eureka":{
                    "description":"Remote status from Eureka server",
                    "status":"UP",
                    "details":{
                        "applications":{
                            "PRODUCTSERVICE":1
                        }
                    }
                }
            }
        },
        "configServer":{
            "status":"UNKNOWN",
            "details":{
                "error":"no property sources located"
```

```
            }
        },
        "hystrix":{
            "status":"UP"
        }
    }
}
```

上述信息中的配置中心 configServer 处于 UNKNOWN 状态。为了进一步明确该服务的状态，我们可以自定义一个 ConfigServerHealthIndicator 端点用来专门展示配置中心的状态信息。ConfigServerHealthIndicator 的代码如下，我们需要提供 health()方法的具体实现并返回一个 Health 结果。该 Health 结果应该包括一个状态，并且可以根据需要添加任何细节信息。

```
@Component
public class ConfigServerHealthIndicator implements
    HealthIndicator {

    @Override
    public Health health() {
        try {
            URL url = new
                URL("http://localhost:8888/configservice/default/");
            HttpURLConnection conn = (HttpURLConnection)
                url.openConnection();
            int statusCode = conn.getResponseCode();
            if (statusCode >= 200 && statusCode < 300) {
                return Health.up().build();
            } else {
                return Health.down().withDetail("HTTP Status
                    Code", statusCode).build();
            }
        } catch (IOException e) {
            return Health.down(e).build();
        }
    }
}
```

以上代码用一种简单而直接的方式判断配置中心服务"configservice"是否正在运行。我们构建一个 HTTP 请求，然后根据 HTTP 响应得出健康诊断的结论。如果 HTTP 响应的状态码处于 200~300 之间，则认为该服务正在运行，Health.up().build()方法将返回一种 Up 响应，代码如下。

```
{
  "status": "UP",
  "details": {
```

```
        "configService":{
            "status": "UP"
        }
        …
    }
}
```

如果状态码不处于这个区间（例如返回的是 404，代表服务不可用），则返回一个 Down 响应并给出具体的状态码，代码如下。

```
{
    "status": "DOWN",
    "details": {
        "configService":{
            "status": "DOWN",
            "details": {
                "HTTP Status Code": "404"
            }
        },
        …
    }
}
```

如果 HTTP 请求直接抛出了异常，我们同样返回一个 Down 响应，同时把异常信息一起返回，效果如下。

```
{
    "status": "DOWN",
    "details": {
        "configService":{
            "status": "DOWN",
            "details": {
                "error": "java.net.ConnectException: Connection refused: connect"
            }
        },
        …
    }
}
```

Health 端点还提供了响应式版本。对于响应式应用程序，例如，在下一节将要介绍的基于 Spring WebFlux 的应用程序，ReactiveHealthIndicator 为获得应用程序的运行状况提供了非阻塞协议的实现方法。与传统的 HealthIndicator 类似，健康信息通过所有 Reactive HealthIndicator 对象从 ApplicationContext 进行收集，例如，Spring Boot 自带的 MongoReactive HealthIndicator 用于检查 MongoDB 数据库是否启动、RedisReactiveHealthIndicator 用于检查 Redis 服务器是否启动。关于如何使用 MongoDB 和 Redis 进行响应式数据访问的具体方法和实践,将在本书第 4 章中具体展开讨论。

4.扩展 Metrics 端点

Spring Boot 为我们提供了一个 Metrics 端点,用于实现生产级的度量工具。当访问 application/metrics 端点时,将得到如下一系列的度量指标。

```
{
    "names":[
        "jvm.buffer.memory.used",
        "jvm.memory.used",
        "jvm.buffer.count",
        "logback.events",
        "process.uptime",
        "jvm.memory.committed",
        "jvm.buffer.total.capacity",
        "jvm.memory.max",
        "process.starttime",
        "counter.span.dropped",
        "counter.span.accepted"
    ]
}
```

这些指标包括系统内存总量、空闲内存数量、处理器数量、系统正常运行时间、堆信息等。如果我们想了解某项指标的详细信息,在 application/metrics 端点后添加上述指标的名称即可。例如,当前内存的使用情况可以通过 application/metrics/jvm.memory.used 端点获取,代码如下。

```
{
    "name":"jvm.memory.used",
    "measurements":[
        {
            "statistic":"Value",
            "value":393897360
        }
    ],
    "availableTags":[
        {
            "tag":"area",
            "values":[
                "heap",
                "heap",
                "heap",
                "nonheap",
                "nonheap",
                "nonheap"
            ]
```

```
            },
            {
                "tag":"id",
                "values":[
                    "PS Old Gen",
                    "PS Survivor Space",
                    "PS Eden Space",
                    "Code Cache",
                    "Compressed Class Space",
                    "Metaspace"
                ]
            }
        ]
}
```

Metrics 指标体系中包含支持"gauge"和"counter"这两种级别的度量指标，其中，"gauge"记录一个单一值，而"counter"记录一个变多或变少的增量。通过将 CounterService 或 GaugeService 注入到我们的业务代码中，可以记录自己的度量指标，其中 CounterService 暴露 increment()、decrement()和 reset()方法，而 GaugeService 则提供一个 submit()方法。这里引用 Spring Boot 官方文档中的一个简单示例介绍在业务代码中嵌入 CounterService 的方法，示例代码如下。

```java
@Service
public class MyService {

    private final CounterService counterService;

    @Autowired
    public MyService(CounterService counterService) {
        this.counterService = counterService;
    }

    public void exampleMethod() {
        this.counterService.increment("services.system.myservice
            .invoked");
    }
}
```

现在访问 application/metrics/services.system.myservice.invoked 端点，就能看到如下所示的随着服务调用不断递增的度量信息。

```
{
    "name":"services.system.myservice.invoke",
    "measurements":[
        {
```

```
            "statistic":"Count",
            "value":1
        },
        {
            "statistic":"Total",
            "value":1
        }
    ],
    "availableTags":[

    ]
}
```

Spring Boot 还提供了一个 MeterRegistry 工具类来简化创建自定义度量指标的方法。关于该工具类的使用，将在后续章节中结合具体业务场景进行介绍。

5．自定义监控端点

有时候扩展现有端点并不能够满足需求，自定义 Spring Boot 监控端点是更灵活的方法。例如，我们需要提供一个监控端点以获取当前主机的计算机名称和用户信息，就可以实现一个独立的 MyComputerEndPoint，代码如下。MyComputerEndPoint 扩展了 AbstractEndpoint 类，并通过系统环境变量获取所需的监控信息。

```java
@ConfigurationProperties(prefix="endpoints.mycomputer")
public class MyComputerEndPoint extends AbstractEndpoint<Map<String,
    Object>> {

    public MyComputerEndPoint (){
        super("mycomputer");
    }

    @Override
    public Map<String, Object> invoke() {
        Map<String,Object> result= new HashMap<>();
        Map<String, String> map = System.getenv();
        result.put("username",map.get("USERNAME"));
        result.put("computername",map.get("COMPUTERNAME"));
        return result;
    }
}
```

当完成自定义的 MyComputerEndPoint 端点时，需要把它放到 Spring Boot 配置系统中，方法如下。

```java
@Configuration
public class EndPointAutoConfig {
```

```
    @Bean
    public Endpoint<Map<String, Object>> myComputerEndPoint() {
        return new MyComputerEndPoint ();
    }
}
```

重新启动 Spring Boot 应用程序，我们在控制台日志中会发现如下信息，说明 /mycomputer 这个自定义端点已经生效。

```
EndpointHandlerMapping: Mapped "{[/mycomputer || /mycomputer.json],methods=
[GET],produces=[application/json]}" onto public java.lang.Object org.springframework.
boot.actuate.endpoint.mvc. EndpointMvcAdapter.invoke()
```

现在访问 http://localhost:8080/mycomputer，就能获取如下监控信息。

```
{
    "username": "tianyalan",
    "userdomain": "DESKTOP-7F8M154"
}
```

3.2 使用 Spring WebFlux 构建响应式服务

从本节开始，我们将正式进入构建响应式服务的世界。在 Spring Boot 的基础上，我们将引入全新的 Spring WebFlux 框架。WebFlux 框架名称中的 Flux 来源于上一章中介绍的 Reactor 框架中的 Flux 组件。该框架中包含了对响应式 HTTP、服务器推送事件以及 WebSocket 的客户端和服务器端的支持。本书无意对该框架的所有功能做全面介绍，对微服务架构而言，开发人员的主要工作是基于 HTTP 协议的响应式服务的开发，这也是本章的重点。

在构建响应式服务上，WebFlux 支持两种不同的编程模型：第一种是与 Spring MVC 中同样使用的基于 Java 注解的方式；第二种是基于 Java 8 中提供的 lambda 表达式的函数式编程模型。本节将分别通过这两种方式创建响应式 RESTful 服务，在此之前，我们先来介绍如何初始化响应式 Web 应用程序，并对 Spring WebFlux 与传统的 Spring WebMvc 做简要对比，以便读者加深理解。

3.2.1 使用 Spring Initializer 初始化响应式 Web 应用

创建 WebFlux 应用最方便的方式是使用 Spring Boot 提供的 Spring Initializer 初始化模板。直接访问 Spring Initializer 网站（http://start.spring.io/），选择创建一个 Maven 或 Gradle 项目并指定相应的 Group 和 Artifact，然后在添加的依赖中选择 Reactive Web，单击进行下载即可，界面效果如图 3-4 所示。本书后续章节中将统一使用 Maven 进行代码依赖管理。

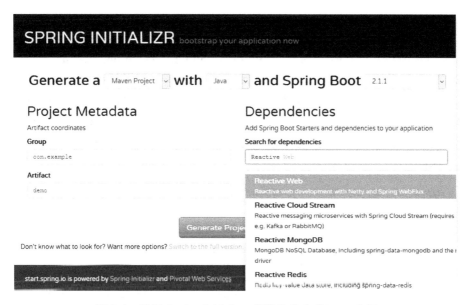

图 3-4　使用 Spring Initializer 初始化响应式 Web 应用

打开所下载项目中的 pom 文件，会找到如下依赖。其中 spring-boot-starter-webflux 构成响应式 Web 应用程序开发的基础；spring-boot-starter-test 是包含 JUnit、Spring Boot Test、Mockito、AssertJ、JSONassert 以及 Hamcrest 等工具在内的测试组件库；而 reactor-test 则是用来测试 Reactor 框架的测试组件库。

```
<dependencies>
    <dependency>
        <groupId>org.springframework.boot</groupId>
        <artifactId>spring-boot-starter-webflux</artifactId>
    </dependency>

    <dependency>
        <groupId>org.springframework.boot</groupId>
        <artifactId>spring-boot-starter-test</artifactId>
        <scope>test</scope>
    </dependency>

    <dependency>
        <groupId>io.projectreactor</groupId>
        <artifactId>reactor-test</artifactId>
        <scope>test</scope>
    </dependency>
</dependencies>
```

至此，使用 Spring WebFlux 构建响应式服务的初始化环境已经准备完毕。

3.2.2 对比响应式 Spring WebFlux 与传统 Spring WebMvc

关于 Spring WebFlux，不得不提一下 Spring 5。Spring 5 是 Spring 框架的一个重大版本升级，Spring 5 中最重要的改动就是把响应式编程的思想应用到了框架的各个方面，Spring 5 的响应式编程模型以 Reactor 库为基础。而 Spring WebFlux 正是随着 Spring 5 同时推出的响应式 Web 框架。事实上，Spring Boot 从 2.x 版本开始也全面依赖于 Spring 5，图 3-5 展示了 spring-boot-starter 2.0.0.M5 所依赖的组件，可以看到所有的 Spring 组件都升级到了 5.0.0.RELEASE。

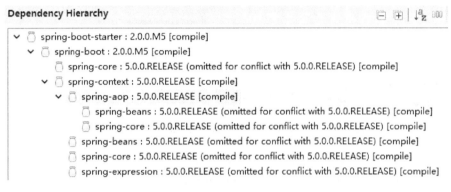

图 3-5　spring-boot-starter 2.0.0.M5 的依赖组件

图 3-6 展示了 spring-boot-starter-webflux 2.0.0.M5 的依赖组件，可以看到该版本在 spring-boot-starter 2.0.0.M5 基础上依赖于 spring-webflux 5.0.0.RELEASE，而后者同样依赖于 Spring 5.0.0.RELEASE 以及 3.1.0.RELEASE 的 reactor-core 组件。

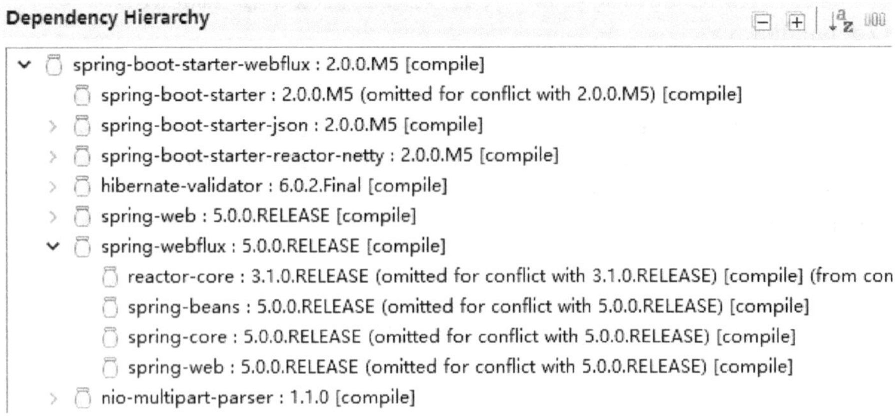

图 3-6　spring-boot-starter-webflux 2.0.0.M5 的依赖组件

Spring WebFlux 提供了完整的支持响应式开发的服务端技术栈，Spring WebFlux 的整体架构如图 3-7 所示。

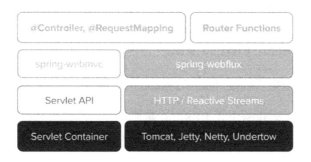

图 3-7　Spring WebFlux 架构图（来自 Spring 官网）

在图 3-7 中，左侧为基于 spring-webmvc 的技术栈，右侧为基于 spring-webflux 的技术栈。Spring WebFlux 是基于响应式流的，因此，可以用来建立异步的、非阻塞的、事件驱动的服务。它采用 Reactor 作为首选的响应式流的实现库，不过也提供了对 RxJava 的支持。而传统的 Spring MVC 构建在 Java EE 的 Servlet 标准之上，该标准本身就是阻塞式和同步的。在最新版本的 Servlet 中虽然也添加了异步支持，但是在等待请求的过程中，Servlet 仍然在线程池中保持着线程。

由于响应式编程的特性，Spring WebFlux 和 Reactor 底层需要支持异步的运行环境，比如 Netty 和 Undertow。同时，它们也可以运行在支持异步 I/O 的 Servlet 3.1 的容器之上，比如 8.0.23 及以上版本的 Tomcat 和 9.0.4 及以上版本的 Jetty。

图 3-8 更加明显地展示了 Spring MVC 和 Spring WebFlux 的交集，同时也强调了容器的支持性，通常在使用 Spring MVC 就能满足的场景下就不需要更改为 WebFlux。在微服务架构体系中，WebFlux 和 Spring MVC 可以混合使用。而在开发 IO 密集型服务时，我们可以优先选择 WebFlux 去实现。

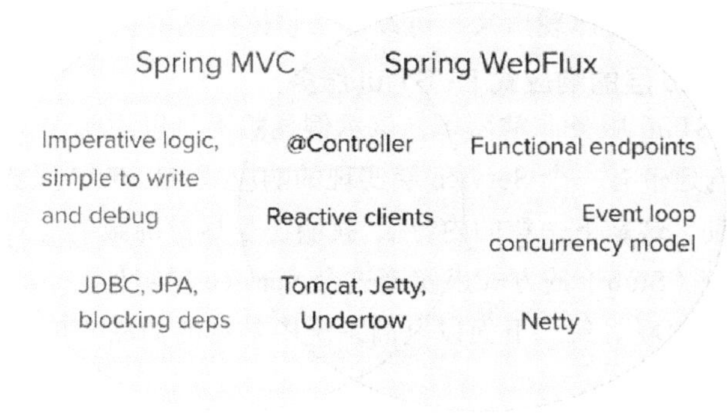

图 3-8　Spring MVC 和 Spring WebFlux 的交集

在图 3-7 中最上方，我们可以看到 spring-webflux 所支持的两种开发模式：一种是类似于 Spring WebMVC 的基于注解（@Controller、@RequestMapping）的开发模式；另一种则被称为 Router Functions，也就是使用 Java 8 lambda 风格的函数式开发模式。本节后续内容将分别使用这两个模式来创建响应式 RESTful 服务。

3.2.3 使用注解编程模型创建响应式 RESTful 服务

基于注解编程模型来创建响应式 RESTful 服务与使用传统的 Spring MVC 非常类似，通过掌握响应式编程的基本概念和技巧，在 WebFlux 应用中使用这种编程模型几乎没有任何学习成本。

1. 构建第一个响应式 RESTful 服务

第一个响应式 RESTful 服务来自对 3.1.2 节中的 HelloController 示例进行响应式改造，改造之后的代码如下。

```
@RestController
public class HelloController {

    @GetMapping("/")
    public Mono<String> index() {
        return Mono.just("Hello Spring Boot!");
    }
}
```

以上代码只有一个地方值得注意，即 index() 方法的返回值是 Mono<String> 类型，其中包含的字符串 "Hello Spring Boot!" 会作为 HTTP 响应内容。从以上代码示例中可以看到，使用 Spring WebFlux 与 Spring MVC 的不同在于，WebFlux 所使用的类型是与响应式编程相对应的 Flux 和 Mono 对象，而不是简单的 POJO（Plain Ordinary Java Object，简单 Java 对象）。对于简单的 Hello World 示例来说，这两者之间并没有什么太大差别。但对于复杂的应用来说，响应式编程和背压的优势就会体现出来，可以带来整体性能的提升。

2. 构建带有 Service 层的响应式 RESTful 服务

第一个响应式 RESTful 服务非常简单，该示例显然不足以说明 WebFlux 的用法。在本节中，我们将更进一步构建带有一个 Service 层实现的响应式 RESTful 服务。在掌握如何构建响应式数据访问组件之前（这是下一章的内容），我们还是尽量屏蔽响应式数据访问所带来的复杂性，数据层采用打桩（Stub）的方式来实现这个 Service 层组件。

首先需要创建一个领域对象。下面以电商系统中常见的商品（Product）为例，给出如下的对象定义。

```
@Data
@AllArgsConstructor
public class Product {
```

```
    private String id;
    private String productCode;
    private String productName;
    private String description;
    private Float price;
}
```

请注意，在上述的类定义中，我们引入了目前流行的 Lombok 框架。通过使用 Lombok 框架，能够提高编码效率，使代码更简洁，也能够消除冗长代码，避免修改字段名字时忘记修改方法名。在 Maven 中引入 Lombok 框架的方法如下。

```
<dependency>
    <groupId>org.projectlombok</groupId>
    <artifactId>lombok</artifactId>
</dependency>
```

Lombok 框架通过简单的注解形式来帮助我们简化和消除一些必须但又显得很臃肿的 Java 代码，通过使用 Lombok 框架所提供的注解，可以在编译源码的时候生成对应的方法。在 Eclipse 中引入 Lombok 的效果如图 3-9 所示。

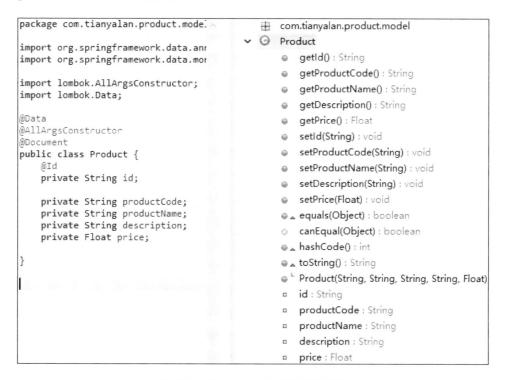

图 3-9　引入 Lombok 的效果示意图

除了在 Product 类中使用的@Data 和@AllArgsConstructor 注解，我们还可以使用其他注解来实现对属性和方法的精细化管理。Lombok 框架中的注解列表见表 3-4。

表 3-4 Lombok 框架中的注解列表

注解	描述
@Getter / @Setter	可以作用在类和属性上,放在类上时,会对所有的非静态属性生成 Getter/Setter 方法;放在属性上时,会对该属性生成 Getter/Setter 方法
@ToString	生成 toString 方法,默认情况下,会输出类名和所有属性,其中属性会按照顺序输出,以逗号分隔。可以使用该注解中的 exclude 配置来指定生成的 toString 方法不包含对象中的哪些字段,或者使用 of 配置来指定生成的 toString 方法只包含对象中的哪些字段
@EqualsAndHashCode	默认情况下,会使用所有非瞬态(non-transient)和非静态字段来生成 equals 和 hascode 方法,也可以使用 exclude 或 of 配置
@NoArgsConstructor	生成无参构造器
@AllArgsConstructor	生成全参构造器,Lombok 无法实现重载多个构造器的场景
@Slf4j	使用该注解时,可以不用每次都写 private final Logger logger = LoggerFactory.getLogger (XXX.class)这句代码,使用的日志框架是 LogBack
@Log4j	该注解也是用来解决每次都写日志对象声明语句的问题,从字面上也可以看出使用的日志框架是 log4j
@Data	该注解是@ToString、@EqualsAndHashCode、所有属性的@Getter,以及所有 non-final 属性的@Setter 注解的组合。通常情况下,我们只需要使用该注解即可

有了领域对象,接下来就可以创建一个桩服务 ProductService,代码如下。

```java
@Service
public class ProductService {

    private final Map<String, Product> products = new
        ConcurrentHashMap<>();

    public Flux<Product> getProducts() {
        return Flux.fromIterable(this.products.values());
    }

    public Flux<Product> getProductsByIds(final Flux<String> ids){
        return ids.flatMap(id ->
            Mono.justOrEmpty(this.products.get(id)));
    }

    public Mono<Product> getProductsById(final String id) {
        return Mono.justOrEmpty(this.products.get(id));
    }

    public Mono<Void> createOrUpdateProduct(final Mono<Product> productMono)
    {
```

```java
        return productMono.doOnNext(product -> {
            products.put(product.getId(), product);
        }).thenEmpty(Mono.empty());
    }

    public Mono<Product> deleteProduct(final String id) {
        return Mono.justOrEmpty(this.products.remove(id));
    }
}
```

ProductService 用来对 Product 数据进行基本的 CRUD 操作。我们使用一个 Map 对象来保存所有的 Product 对象信息，从而提供一种桩代码实现方案。ProductService 中的方法都以 Flux 或 Mono 对象作为返回值，这也是 WebFlux 应用的特征。其中代表性的 getProductsByIds() 方法接收 Flux 类型的参数 ids。Flux 类型的参数代表有多个对象需要处理，这里使用 2.4.1 节中所介绍的 flatMap 操作符来对传入的每个 Id 进行处理。另外，createOrUpdateProduct()方法使用 Mono.doOnNext()方法将 Mono 对象转换为普通的 POJO 对象并进行保存。这些都是实际开发过程中常见的处理方法。

有了桩服务 ProductService，我们就可以创建 ProductController 来构建具体的响应式 RESTful 服务，它使用 ProductService 来完成具体的端点。ProductController 中暴露的端点都很简单，我们只是把具体功能代理给了 ProductService 中的对应方法，代码如下。

```java
@RestController
@RequestMapping("/product")
public class ProductController {

    @Autowired
    private ProductService productService;

    @GetMapping("")
    public Flux<Product> getProducts() {
        return this.productService.getProducts();
    }

    @GetMapping("/{id}")
    public Mono<Product> getProductById(@PathVariable("id") final
        String id) {
        return this.productService.getProductById(id);
    }

    @PostMapping("")
    public Mono<Product> createProduct(@RequestBody final
        Mono<Product> product) {
        return this.productService.createOrUpdateProduct(product);
    }
```

```
    @DeleteMapping("/{id}")
    public Mono<Product> delete(@PathVariable("id") final String
        id) {
        return this.productService.deleteProduct(id);
    }
}
```

至此，使用注解编程模型创建响应式 RESTful 服务的过程介绍完毕。我们看到 WebFlux 中支持使用与 Spring MVC 相同的注解，两者的主要区别在于底层核心通信方式是否阻塞。响应式 Controller 操作的是非阻塞的 ServerHttpRequest 和 ServerHttpResponse 对象，而不再是 Spring MVC 里的 HttpServletRequest 和 HttpServletResponse 对象。

3.2.4 使用函数式编程模型创建响应式 RESTful 服务

本节将讨论如何使用函数式编程模型创建响应式 RESTful 服务，这部分内容与传统的基于 Spring MVC 构建 RESTful 服务的方法有较大差别。

1. 函数式编程模型

在图 3-7 中可以看到，在 Spring WebFlux 中，函数式编程模型的核心概念是 Router Functions，对标@Controller、@RequestMapping 等标准的 Spring MVC 注解。Router Functions 提供一套函数式风格的 API，用于创建 Router 和 Handler 对象。其中我们可以简单把 Handler 对应为 Controller，把 Router 对应成 RequestMapping。

当我们发起一个远程调用时，传入的 HTTP 请求由 HandlerFunction 处理，Handler Function 本质上是一个接收 ServerRequest 并返回 Mono<ServerResponse>的函数。Server Request 和 ServerResponse 是一对不可变接口，用来提供对底层 HTTP 消息的友好访问。

（1）ServerRequest

ServerRequest 可以访问各种 HTTP 请求元素，包括请求方法、URI 和参数，以及通过单独的 ServerRequest.Headers 获取 HTTP 请求头信息。ServerRequest 通过一系列 bodyToXxx() 方法提供对请求消息体进行访问的途径。例如，如果希望将请求消息体提取为 Mono<String> 类型的内容，可以使用如下方法。

```
Mono<String> string = request.bodyToMono(String.class);
```

如果希望将请求消息体提取为 Flux<Person>类型的内容，可以使用如下方法，其中 Person 是可以从请求消息体反序列化的类。

```
Flux<Person> people = request.bodyToFlux(Person.class);
```

上述的 bodyToMono() 和 bodyToFlux()两个方法实际上是使用通用的 ServerRequest.body (BodyExtractor)工具方法的便利形式。BodyExtractor 是一种请求消息体的提取策略，允许我们编写自己的提取逻辑。如果不需要实现定制化的提取逻辑，就可以使用框架提供常见的 BodyExtractor。通过 BodyExtractor，上面的例子可以替换为以下形式。

```
Mono<String> string =
    request.body(BodyExtractors.toMono(String.class));
Flux<Person> people =
    request.body(BodyExtractors.toFlux(Person.class));
```

（2）ServerResponse

类似地，ServerResponse 提供对 HTTP 响应的访问。由于它是不可变的，所以可以使用构建器创建一个新的 ServerResponse。构建器允许设置响应状态、添加响应标题并提供响应的具体内容。例如，下面的示例演示了如何通过 ok()方法创建代表 200 状态码的响应，其中响应体的类型设置为 JSON 格式，而响应的具体内容是一个 Mono<Person>对象。

```
Mono<Person> person = …;
ServerResponse.ok().contentType(MediaType.APPLICATION_JSON)
    .body(person);
```

通过 body()方法来放入返回的内容是构建 ServerResponse 最常见的方法，这里将 person 对象作为返回值。也可以使用 BodyInserters 工具类所提供的构建方法，如常见的 fromObject() 和 fromPublisher()方法等。以下示例代码通过 fromObject()方法直接返回一个 "Hello World"。

```
ServerResponse.ok().body(BodyInserters.fromObject("Hello World"));
```

另外，我们还可以使用 Mono<ServerResponse> build(Publisher<Void> var1)方法来构建 ServerResponse。请注意，该 build()方法的入参类型为 Publisher<Void>，比较常见的用法是用来返回新增和更新操作的结果。我们在后面将看到这种使用方法。

（3）HandlerFunction

将 ServerRequest 和 ServerResponse 组合在一起，就可以创建 HandlerFunction。HandlerFunction 是一个接口，可以通过实现该接口中的 handle()方法来创建定制化的请求响应处理机制。例如，以下是一个简单的 "Hello World" 处理函数代码示例，它同样返回一个 200 状态的响应和一个基于 String 的消息体。

```
public class HelloWorldHandlerFunction implements
    HandlerFunction<ServerResponse> {

    @Override
    public Mono<ServerResponse> handle(ServerRequest request) {
        return ServerResponse.ok().body(
            BodyInserters.fromObject("Hello World"));
    }
};
```

通常，我们会针对某个领域实体编写多个处理函数，所以推荐将多个处理函数分组到一个专门的 Handler 类中。例如，我们可以编写一个 PersonHandler 专门实现各种针对 Person 领域实体的处理函数。在如下代码示例中，我们创建了一个 PersonHandler 类，然后注入 PersonService 并实现了一个 getPersons()处理函数。

```java
public class PersonHandler {

    @Autowired
    private PersonService personService;

    public Mono<ServerResponse> getPersons(ServerRequest request) {
        return ServerResponse.ok().body(this.personService
            .getPersons(), Person.class);
    }
}
```

（4）RouterFunction

我们已经通过 HandlerFunction 创建了请求的处理逻辑，接下来需要把具体请求与这种处理逻辑关联起来，RouterFunction 可以帮助我们实现这一目标。RouterFunction 将传入请求路由到具体的处理函数，它接受 ServerRequest 并返回一个 Mono<HandlerFunction>。如果请求与特定路由匹配，则返回处理函数的结果，否则就返回一个空的 Mono。RouterFunction 与 Controller 类中的@RequestMapping 注解功能类似。

创建 RouterFunction 的最常见做法是使用 RouterFunctions.route(RequestPredicate predicate, HandlerFunction<T> handlerFunction)方法，即通过使用请求谓词（Request Predicate）和处理函数进行创建。其中 HandlerFunction<T>返回一个 Mono<ServerResponse>对象，这个对象代表实际处理的结果。而谓词提供是否路由的判断依据，即如果谓词适用，请求将路由到给定的处理函数，否则不执行路由并抛出 404 响应。RequestPredicates 工具类提供了常用的谓词，能够实现包括基于路径、HTTP 方法、内容类型等条件的自动匹配。一个简单的 RouterFunction 示例如下，我们用它来实现对"/hello-world"请求路径的自动路由，这里用到了前面创建的 HelloWorldHandlerFunction。

```java
RouterFunction<ServerResponse> helloWorldRoute =
RouterFunctions.route(RequestPredicates.path("/hello-world"),
    new HelloWorldHandlerFunction());
```

显然，我们应该把 RouterFunction 和 HandlerFunction 结合起来一起使用。在前面的示例代码中，我们已经创建了 PersonHandler，现在可以创建对应的 PersonRouter，示例代码如下。在这个示例中，我们通过访问"/person"端点就会自动触发 personHandler 中的 getPersons()方法并返回相应的 ServerResponse。

```java
public class PersonRouter {
```

```
@Bean
public RouterFunction<ServerResponse> routePerson(PersonHandler personHandler)
{
    return RouterFunctions
        .route(RequestPredicates.GET("/person")
            .and(RequestPredicates.accept(MediaType.APPLICATION_JSON)),
                personHandler::getPersons);
}
```

两个路由功能可以组合成一个新的路由功能,并通过一定的评估方法路由到其中任何一个处理函数,如果第一个路由的谓词不匹配,则第二个谓词会被评估。请注意,组合的路由器功能会按照顺序进行评估,因此,在通用功能之前放置一些特定功能是一项最佳实践。我们可以通过调用 RouterFunction.and(RouterFunction)方法或 RouterFunction.andRoute(RequestPredicate,HandlerFunction) 方法来组合两个路由功能,后者相当于是 RouterFunction.and()方法与 RouterFunctions.route()方法的集成。以下代码演示了 RouterFunctions 的组合特性。

```
RouterFunction<ServerResponse> personRoute =
    route(GET("/person/{id}").and(accept(APPLICATION_JSON)),
        personHandler::getPersonById)
    .andRoute(GET("/person").and(accept(APPLICATION_JSON)),
        personHandler::getPersons)
    .andRoute(POST("/person").and(contentType(APPLICATION_JSON)),
        personHandler::createPerson);
```

RequestPredicates 工具类所提供的大多数谓词也具备组合特性。例如,RequestPredicates.GET(String)是 RequestPredicates.method(HttpMethod)和 RequestPredicates.path (String)的组合。我们可以通过调用 RequestPredicate.and(RequestPredicate) 方法或 RequestPredicate.or(RequestPredicate) 方法来构建复杂的请求谓词。

2. 使用函数式编程模型创建响应式 RESTful 服务

本节中将使用函数式编程模型对 3.2.3 节中实现的两个响应式 RESTful 服务进行重构。使用函数式编程模型创建响应式 RESTful 服务一般都需要创建两个类,一个是 Handler,另一个是 Router。

对于第一个响应式 RESTful 服务而言,因为没有使用到 Service 层组件,我们分别简单构建 HelloHandler 和 HelloRouter 即可,代码分别如下。

```
@Component
public class HelloHandler {

    public Mono<ServerResponse> hello(ServerRequest request) {
        return ServerResponse.ok().contentType(MediaType.TEXT_PLAIN)
            .body(Body Inserters.fromObject("Hello World!"));
```

```java
    }
}

@Configuration
public class HelloRouter {

    @Bean
    public RouterFunction<ServerResponse> routeHello(HelloHandler
            helloHandler) {
        return RouterFunctions.route(RequestPredicates.GET("/")
                .and(RequestPredica tes.accept(MediaType.TEXT_PLAIN)),
                helloHandler::hello);
    }
}
```

对于第二个响应式 RESTful 服务，我们在构建 Handler 组件 ProductHandler 时需要依赖前面介绍的领域对象 Product 和 Service 层组件 ProductService，ProductHandler 类的代码如下。

```java
public class ProductHandler {

    @Autowired
    private ProductService productService;

    public Mono<ServerResponse> getProducts(ServerRequest request) {
        return ServerResponse.ok().body(this.productService.getProducts(),
            Product.class);
    }

     public Mono<ServerResponse> getProductById(ServerRequest request) {
         String id = request.pathVariable("id");

        return ServerResponse.ok()
             .body(this.productService.getProductById(id), Product.class);
    }

    public Mono<ServerResponse> createProduct(ServerRequest request) {
        Mono<Product> product = request.bodyToMono(Product.class);

        return ServerResponse.ok()
             .body(this.productService.createOrUpdateProduct(product),
                Product.class);
    }

    public Mono<ServerResponse> deleteProduct(ServerRequest request) {
         String id = request.pathVariable("id");
```

```
        return ServerResponse.ok()
            .body(this.productService.deleteProduct(id), Product.class);
    }
}
```

ProductRouter 在结构上就是将 ProductHandler 提供的各个方法暴露成端点，代码如下。

```
public class ProductRouter {

@Bean
public RouterFunction<ServerResponse> routeProduct(ProductHandler
    productHandler) {
    return RouterFunctions
            .route(RequestPredicates.GET("/").and(RequestPredicates
                .accept(MediaType.APPLICATION_JSON)),
                    productHandler::getProducts)
            .andRoute(RequestPredicates.GET("/{id}").and(RequestPredicates
                .accept(MediaType.APPLICATION_JSON)),
                    productHandler::getProductById)
            .andRoute(RequestPredicates.POST("/").and(RequestPredicates
                .accept(MediaType.APPLICATION_JSON)),
                    productHandler::createProduct)
            .andRoute(RequestPredicates.DELETE("/id").and(RequestPredicates
                .accept(MediaType.APPLICATION_JSON)),
                    productHandler::deleteProduct);
    }
}
```

注解编程模型和函数式编程模型各有特色，在日常开发过程中，我们可以采用这两种编程模型中的任意一种来构建响应式 RESTful 服务。

3.3 本章小结

要想构建响应式微服务架构，首先需要构建单个响应式微服务。针对一般的服务化开发模式，Spring Boot 提供了 RESTful API 以及内置的监控系统等基本功能，非常适合作为构建单体服务的轻量级框架。本章首先对使用最新版本的 Spring Boot 构建 RESTful 服务做了详细介绍。

在 Spring 5 中引入了全新的响应式服务构建框架 Spring WebFlux，并以第 2 章中介绍的 Reactor 作为响应式编程的实现框架。我们可以使用 Spring Initializer 初始化响应式 Web 应用，同时分别使用注解编程模型和函数式编程模型来构建响应式 RESTful 服务。在本章中，我们对这两种编程模型都做了全面展开介绍并给出了具体的代码示例。

第 4 章

构建响应式数据访问组件

本章讨论如何构建响应式数据访问组件，构建响应式数据访问组件的目的来自一个核心概念，即全栈式响应式编程。

所谓全栈式响应式编程，指的是响应式开发方式的有效性取决于在整个请求链路的各个环节是否都采用了响应式编程模型。如果某一个环节或步骤不是响应式的，就会出现同步阻塞，从而导致背压机制无法生效。如果某一层组件（例如数据访问层）无法采用响应式编程模型，那么响应式编程的概念对于整个请求链路的其他层而言就没有意义。在常见的微服务架构中，最典型的非响应式场景就是数据访问层中使用了关系型数据库，因为传统的关系型数据库采用的都是非响应式的数据访问机制。

Spring Boot 2.x 在提供了 Spring WebFlux 组件的基础上，也支持响应式数据访问组件的构建，包含响应式 MongoDB 组件和响应式 Redis 组件。本章将梳理响应式数据访问模型，并围绕这两个核心组件展开详细讨论。在此之前，我们有必要对 Spring Data 数据访问模型做简单介绍。

4.1 Spring Data 数据访问模型

作为服务开发最重要的基础功能之一，数据访问层组件的开发方式在 Spring Boot 中较之 Spring 也得到了进一步简化，并充分发挥了 Spring 家族中另一个重要成员 Spring Data 的作用。Spring Data 是 Spring 家族中专门用于数据访问的抽象框架，其核心理念是支持对所有存储媒介进行资源配置，从而实现数据访问。数据访问需要完成领域对象与存储数据之间的映射，并对外提供访问入口，Spring Data 基于 Repository 架构模式[12]并抽象出一套实现该模式的统一数据访问方式。

4.1.1 Spring Data 抽象

Spring Data 对数据访问过程的抽象主要体现在两个方面,一方面是提供了一套 Repository 接口定义,另一方面则是实现了各种多样化的查询支持。

1. Repository 接口

Repository 接口是 Spring Data 中对数据访问的最高层抽象,接口定义如下。我们看到 Repository 接口只是一个空接口,通过泛型指定了领域实体对象的类型和 ID。

```
public interface Repository<T, ID> {

}
```

CrudRepository 接口是对 Repository 接口最常见的扩展,添加了对领域实体的 CRUD 操作功能,定义如下。

```
public interface CrudRepository<T, ID> extends Repository<T, ID> {
    <S extends T> S save(S entity);

    <S extends T> Iterable<S> saveAll(Iterable<S> entities);

    Optional<T> findById(ID id);

    boolean existsById(ID id);

    Iterable<T> findAll();

    Iterable<T> findAllById(Iterable<ID> ids);

    long count();

    void deleteById(ID id);

    void delete(T entity);

    void deleteAll(Iterable<? extends T> entities);

    void deleteAll();
}
```

我们可以看到,CrudRepository 接口提供了保存单个实体、保存集合、根据 Id 查找实体、根据 Id 判断实体是否存在、查询所有实体、查询实体数量、根据 Id 删除实体、删除一个实体的集合以及删除所有的实体等常见操作。

2. 多样化查询支持

在日常开发过程中,对数据的查询操作需求远高于新增、删除和修改操作,所以在 Spring

Data 中,除了对领域对象提供默认的 CRUD 操作,重点对查询场景做高度抽象。

(1)@Query 注解

我们可以通过@Query 注解直接在代码中嵌入查询语句和条件,从而提供类似 ORM (Object Relational Mapping,对象关系映射)框架所具有的强大功能。下面就是使用@Query 注解进行查询的典型例子。

```
public interface AccountRepository extends JpaRepository<Account,
    Long> {

    @Query("select a from Account a where a.userName = ?1")
    Account findByUserName(String userName);
}
```

在上面的示例中,@Query 注解会自动完成领域对象与数据存储之间的相互映射。

(2)方法名衍生查询

方法名衍生查询也是 Spring Data 的查询特色之一,通过在方法命名上直接使用查询字段和参数,Spring Data 就能自动识别相应的查询条件并组装对应的查询语句。如在下面的例子中,通过 findByFirstNameAndLastname 这样符合普通语义的方法名并在参数列表中按照方法名中参数的顺序和名称(即 fistName 和 lastName)传入相应的参数,Spring Data 就能自动组装 SQL 语句,从而实现衍生查询。

```
public interface AccountRepository extends JpaRepository<Account,
    Long> {

    List<Account> findByFirstNameAndLastName(String firstName, String
        lastName);
}
```

在 Spring Data 中,方法名衍生查询的功能非常强大。在上面的代码示例中,我们只是基于"fistName"和"lastName"这两个字段做了查询。事实上,我们可以查询的内容非常多,表 4-1 列出了更多的方法名衍生查询示例,而这些也只是全部功能中的一小部分而已。

表 4-1 方法名衍生查询示例列表

查询方法	查询描述
findTop10ByFirstName(...)	根据"FirstName"排序并获取前 10 条数据
findByFirstNameIgnoreCase(...)	根据"FirstName"查询,忽略该字段输入的大小写
findByBirthdateAfter(...)	查询生日在指定"Birthdate"之后的数据
findByAgeGreaterThan(...)	查询年龄大于指定"Age"的数据
findByAgeIn(...)	查询年龄位于某个区间的数据
findByFirstNameLike(...)	根据"firstName"做模糊匹配
findByActiveIsTrue(...)	查询状态处于"Active"的数据

（3）分页和排序

分页和排序也是查询的常见条件，Spring Data 也提供了 Pageable 和 Sort 抽象。通过构建 Pageable 分页对象和 Sort 查询对象，典型的查询方式如下，我们可以看到，在代码层面可以动态实现分页和排序操作。

```
Page<Account> findByFirstName(String firstName, Pageable pageable);

List<Account> findByFirstName(String firstName, Sort sort);

List<Account> findByFirstName(String firstName, Pageable pageable);
```

（4）QueryByExample 机制

下面介绍另一种强大的查询机制，即 QueryByExample（QBE）机制。假如有一个 Customer 领域对象，定义如下。

```
public class Customer{

    private String id;
    private String firstName;
    private String lastName;
    private int age;
}
```

现在希望根据 Customer 的 firstName、lastName，以及所属 age 区间中的一个或多个条件进行查询，如果按照方法名衍生查询的方式构建查询方法，会得到如下的方法定义。

```
List<Customer> findByFisrtNameAndLastNameAndAgeBetween(String
    firstName, String lastName, int from, int to);
```

显然，上述查询方法定义存在缺陷，因为不管查询条件个数有多少，我们都必须填充所有的参数，哪怕部分参数根本没有被用到。而且，如果将来需要再添加一个新的查询条件，该方法就必须做调整，这从扩展性上讲也存在设计上的问题。为了解决这些问题，我们可以引入 QueryByExample 机制。

QueryByExample 可以翻译成按示例查询，是一种用户友好的查询技术。它允许动态创建查询，并且不需要编写包含字段名称的查询方法。实际上，按示例查询不需要使用特定的数据库查询语言来编写查询语句。

从组成结构上讲，QueryByExample 包括 Probe、ExampleMatcher 和 Example 这三个基本组件。其中 Probe 包含对应字段的实例对象；ExampleMatcher 携带有关如何匹配特定字段的详细信息，相当于匹配条件；而 Example 则由 Probe 和 ExampleMatcher 组成，用于构建具体的查询操作。本章后续内容中会给出如何使用 QueryByExample 机制实现灵活查询的具体示例。

综上所述，Spring Data 支持对多种数据存储媒介进行数据访问，表现在提供了一系列默认的 Repository，包括针对关系型数据库的 JPA/JDBC Repository，针对 MongoDB、Neo4j、

Redis 等 NoSQL 对应的 Repository，支持 Hadoop 的大数据访问的 Repository，甚至包括 Spring Batch 和 Spring Integration 在内的系统集成用的 Repository。本节后续内容将先简要介绍最常用的针对关系型数据库的 Spring Data JPA 组件，同时也以后续章节中涉及的 Spring Data Mongodb 和 Spring Data Redis 为例介绍 Spring Boot 的具体用法。

4.1.2 集成 Spring Data JPA

在了解了 Spring Data 的各项特性之后，我们将演示在 Spring Boot 中如何通过 Spring Data 的这些特性实现数据访问。本节先通过 Spring Data JPA 演示最常见的关系型数据库访问功能。在此之前，我们需要在 pom 文件中引入 spring-boot-starter-data-jpa 组件，具体如下。

```xml
<dependency>
    <groupId>org.springframework.boot</groupId>
    <artifactId>spring-boot-starter-data-jpa</artifactId>
</dependency>
```

（1）实体类

首先来看一下 Customer 这一常见的业务领域模型，如下代码展示了 Customer 实体类。我们看到了 Spring Data JPA 中代表实体类的@Entity 注解、代表主键的@Id 注解，也看到了用于命名查询的@NamedQuery 注解，该注解用于对某一个查询条件进行命名，如示例中使用 "Customer.withAddressNamedQuery" 对" select c from Customer c where c.address=?1"这一查询进行命名，以便在 Repository 中进行复用。

```java
@Entity
@NamedQuery(name = "Customer.withAddressNamedQuery", query =
    "select c from Customer c where c.address=?1")
public class Customer{

    @Id
    @GeneratedValue
    private Long id;
    private String firstName;
    private String lastName;
    private Integer age;
    private String address;
}
```

（2）Repository 接口

Repository 接口的定义是 Spring Data JPA 的重点，针对 Customer 实体，我们可以定义如下的 Repository 接口，其中用到了@Query 注解，也用到了在 Customer 实体中定义的"withAddressNamedQuery"命名查询（即接口定义中的最后一个同名方法）。

第 4 章 构建响应式数据访问组件

```java
public interface CustomerRepository extends JpaRepository<Customer, Long> {
    List<Customer> findByAddress(String address);

    Customer findByFirstNameAndAddress(String firstName,String address);

    @Query("select c from Customer c where c.firstName= : firstName and
        c.address= :address")
    Customer withFirstNameAndAddressQuery(@Param("firstName")String
        firstName, @Param("address")String address);

    List<Customer> withAddressNamedQuery(String address);
}
```

（3）Controller 类

正常的分层架构中，一般是 Controller 层调用 Service 层，然后 Service 层再调用 Repository 层。为了简单演示，这里直接在 Controller 层中访问 Repository 层的接口，Controller 层代码如下，其中的各个端点基本都是对 Repository 层方法的封装，展示了具体的应用场景。

```java
@RestController
public class CustomerController {

    @Autowired
    CustomerRepository customerRepository;

    @PostMapping("/save")
    public Customer save(@RequestBody Customer customer){
        Customer savedCustomer = customerRepository.save(customer);
        return savedCustomer;
    }

    @GetMapping("/address")
    public List<Customer> address(String address){
        List<Customer> customers = customerRepository.findByAddress(address)
        return customers;
    }

    @GetMapping("/firstNameAndAddress")
    public Customer firstNameAndAddress(String firstName,String address){
        Customer customer = customerRepository
            .findByFirstNameAndAddress(firstName, address);
        return customer;
    }

    @GetMapping("/firstNameAndAddressQuery")
    public Customer firstNameAndAddressQuery(String firstName,String address){
        Customer customer = customerRepository
```

```java
                .withFirstNameAndAddressQuery(firstName, address);
        return customer;
    }

    @GetMapping("/addressNamedQuery")
    public List<Customer> addressNamedQuery(String address){
        List<Customer> customers = customerRepository
                .withAddressNamedQuery(address);
        return customers;
    }

    @GetMapping("/sort")
    public List<Customer> sort(){
        List<Customer> customers = customerRepository
                .findAll(new Sort(Direction.ASC,"age"));
        return customers;
    }

    @GetMapping("/page")
    public Page<Customer> page(){
        Page<Customer> pageCustomer = customerRepository
                .findAll(new PageRequest(1, 2));
        return pageCustomer;
    }
}
```

（4）配置文件

最后，为了访问数据库，我们需要在 application.yml 配置文件中添加数据源配置信息，具体如下。

```
spring.datasource.driverClassName=com.mysql.jdbc.Driver
spring.datasource.url=jdbc:mysql://127.0.0.1:3306/customer
spring.datasource.username=root
spring.datasource.password=123456
```

4.1.3 集成 Spring Data Redis

如同使用 Spring Data JPA 进行关系型数据库访问一样，使用 Spring Data Redis 的第一步就是连接到 Redis 服务器。想要实现连接，就需要获取 RedisConnection，而获取 RedisConnection 的方法是利用 RedisConnectionFactory 接口。Spring Data Redis 对 Redis 操作做了封装，提供了一个工具类 RedisTemplate，通过注入 RedisConnectionFactory 到 RedisTemplate 中，该 RedisTemplate 就能获取 RedisConnection。

RedisTemplate 为 Redis 交互提供了一层高级别的抽象。当 RedisConnection 提供低级别的方法来发送和返回二进制数据时,RedisTemplate 能够实现序列化和连接过程的自动化管理,从而将开发人员从这些细节中解放出来。Redis 支持的序列化方式包括如下几种。
- GenericToStringSerializer:使用 Spring 转换服务进行序列化。
- JacksonJsonRedisSerializer:使用 Jackson1 将对象序列化为 JSON。
- Jackson2JsonRedisSerializer:使用 Jackson2 将对象序列化为 JSON。
- JdkSerializationRedisSerializer:使用 Java 序列化。
- OxmSerializer:使用 Spring O/X 映射的编排器和解排器实现序列化,用于 XML 序列化。
- StringRedisSerializer:序列化 String 类型的 key 和 value。

RedisTemplate 提供了丰富的接口来操作 Redis 的特定数据类型,这些接口包括 ValueOperations、ListOperations、SetOperations、ZSetOperations 和 HashOperations 等,分别对应了 Redis 中 String、List、Set、ZSet 和 Hash 这 5 种常见的数据结构。为简单起见,本节将演示通过 ValueOperations 进行 String 类型数据操作的方法。在此之前,我们需要在 pom 文件中引入 spring-boot-starter-data-redis 组件,具体如下。

```
<dependency>
    <groupId>org.springframework.boot</groupId>
    <artifactId>spring-boot-starter-data-redis</artifactId>
</dependency>
```

(1)实体类

这里用到的实体类与上例中的 Customer 在数据字段上保持一致,不再展开。

(2)Repository 类

Spring Data Redis 中的 Repository 类需要注入 RedisTemplate,并提供 ValueOperations 进行具体数据的操作,示例代码如下。

```
@Repository
public class CustomerRedisRepository {

    @Autowired
    RedisTemplate<Object, Object> redisTemplate;

    @Resource(name = "redisTemplate")
    ValueOperations<Object, Object> valueOperation;

    public void saveCustomer(Customer customer) {
        valueOperation.set(customer.getId(),customer);
    }

    public Customer getCustomer() {
        return (Customer) valueOperation.get("Customer001");
    }
}
```

这里的 ValueOperations 依赖于 RedisTemplate，而在 RedisTemplate 中可以对 RedisConnectionFactory 和序列化方式进行设置。在 Spring Boot 中，用于构建 RedisTemplate 的代码一般会放到 Bootstrap 类中。

（3）Bootstrap 类

Bootstrap 类如下，可以看到这里有一个 redisTemplate()方法用于构建 RedisTemplate。

```java
@SpringBootApplication
public class RedisApplication {

    public static void main(String[] args) {
        SpringApplication.run(RedisApplication.class, args);
    }

    @Bean
    public RedisTemplate<Object, Object>
        redisTemplate(RedisConnectionFactory redisConnectionFactory)
        throws UnknownHostException {

        RedisTemplate<Object, Object> redisTemplate = new
            RedisTemplate<Object, Object>();
        redisTemplate.setConnectionFactory(redisConnectionFactory);

        Jackson2JsonRedisSerializer jackson2JsonRedisSerializer =
            new Jackson2JsonRedisSerializer(Object.class);
        ObjectMapper om = new ObjectMapper();
        om.setVisibility(PropertyAccessor.ALL,
            JsonAutoDetect.Visibility.ANY);
        jackson2JsonRedisSerializer.setObjectMapper(om);

        redisTemplate.setValueSerializer(jackson2JsonRedisSerializer);
        redisTemplate.setKeySerializer(new StringRedisSerializer());

        return redisTemplate;
    }
}
```

以上代码中，我们使用了 Jackson2 作为数据存储的序列化方式，并对对象映射的规则做了初始化。

（4）Controller 类和 application.yml

Controller 类就是对 CustomerRedisRepository 中方法的简单封装，在此不再展开。配置文件 application.yml 可以全部采用默认配置，即 Redis 服务器会以默认的端口号 6379 进行启动。

4.1.4 集成 Spring Data Mongodb

下面来演示如何通过 Spring Data Mongodb 组件访问 MongoDB。我们知道，MongoDB 是一种文档型的 NoSQL 数据库，并提供了很多有用的查询方法。在演示 Spring Data Mongodb 的具体功能之前，我们需要在 pom 文件中引入 spring-boot-starter-data-mongodb 组件，具体如下。

```
<dependency>
    <groupId>org.springframework.boot</groupId>
    <artifactId>spring-boot-starter-data-mongodb</artifactId>
</dependency>
```

（1）实体类

本示例仍然使用 Customer 领域实体，但会对其做一些调整，调整后的 Customer 类定义如下。这里使用@Document 注解表明该类对应 MongoDB 中的一个文档，同时使用@Field 注解来显式声明文档中的字段。注意，这里的 orders 字段是一个 Order 对象的集合。Order 类中存放了两个字段 productName 和 price，分别用于表示该 Customer 所购买的商品名称和价格。

```
@Document
public class Customer {

    @Id
    private Long id;
    private String firstName;
    private String lastName;
    private Integer age;

    @Field("orders")
    private Collection<Order> orders = new
        LinkedHashSet<Order>();
}
```

（2）Repository 类

CustomerMongoRepository 接口扩展了 Spring Data 中的 MongoRepository 接口，代码如下。可以看到，该接口的风格与使用 Spirng Data JPA 定义的 Repository 接口非常一致，同样也提供了@Query 注解来定义基于 age 字段的查询条件。

```
public interface CustomerMongoRepository extends
    MongoRepository<Customer, String> {

    List<Customer> findByFirstName(String firstName);

    @Query("{'age': ?0}")
    List<Customer> withQueryFindByAge(Integer age);
}
```

（3）Controller 类

Controller 类如下，除 save()方法比较复杂外，其他方法都是对 Repository 的简单封装。

```
@RestController
public class CustomerMongoController {

    @Autowired
    CustomerMongoRepository customerRepository;

    @PostMapping("/save")
    public Customer save(){
        Customer customer = new Customer("tianyalan",36);
        Collection<Order> orders = new LinkedHashSet<Order>();

        Order reactiveMicroservice = new Order("Reactive Microservice In
            Action","60");
        orders.add(reactiveMicroservice);
        customer.setOrders(orders);

        return customerRepository.save(customer);
    }

    @GetMapping("/findByFirstName")
    public List<Customer> findByFirstName(String firstName){
        return customerRepository.findByFirstName(firstName);
    }

    @GetMapping("/withQueryFindByAge")
    public List<Customer> withQueryFindByAge(Integer age){
        return customerRepository.withQueryFindByAge(age);
    }
}
```

（4）application.yml

配置文件 application.yml 同样全部采用了默认配置，即 MongoDB 服务器以默认的端口号 27017 进行启动。

4.2 响应式数据访问模型

在掌握 Spring Data 的基础上，从本节内容开始，我们将全面讨论响应式数据访问模型。在介绍如何使用 Spring Boot 实现响应式数据访问模型之前，再来看一下关于 Spring Boot 2.0 的另一张官网上的架构图，如图 4-1 所示。图 4-1 的底部明确把 Spring Data 划分为两大类型，一类是传统的 Spring Data Repositories（支持 JDBC、JPA 和部分 NoSQL），另一类则是响应式的 Spring Data Reactive Repositories（支持 Mongo、Cassandra、Redis、Couchbase 等）。

图 4-1　Spring Boot 2.0 架构图（来自 Spring 官网）

在图 3-4 中，我们使用 Spring Initializer 初始化响应式 Web 应用时也看到了 Spring Boot 已经内置了 Reactive Mongo 和 Reactive Redis 等组件供我们实现响应式数据访问。

4.2.1　Spring Reactive Data 抽象

与 CrudRepository 接口类似，Spring Reactive Data 中存在一个 ReactiveCrudRepository 接口，该接口同样继承自 Repository 接口，提供了针对数据流的 CRUD 操作。ReactiveCrudRepository 接口定义如下。

```
public interface ReactiveCrudRepository<T, ID> extends
    Repository<T, ID> {

    <S extends T> Mono<S> save(S entity);

    <S extends T> Flux<S> saveAll(Iterable<S> entities);

    <S extends T> Flux<S> saveAll(Publisher<S> entityStream);
```

```
    Mono<T> findById(ID id);

    Mono<T> findById(Publisher<ID> id);

    Mono<Boolean> existsById(ID id);

    Mono<Boolean> existsById(Publisher<ID> id);

    Flux<T> findAll();

    Flux<T> findAllById(Iterable<ID> ids);

    Flux<T> findAllById(Publisher<ID> idStream);

    Mono<Long> count();

    Mono<Void> deleteById(ID id);

    Mono<Void> deleteById(Publisher<ID> id);

    Mono<Void> delete(T entity);

    Mono<Void> deleteAll(Iterable<? extends T> entities);

    Mono<Void> deleteAll(Publisher<? extends T> entityStream);

    Mono<Void> deleteAll();
}
```

另一方面，ReactiveSortingRepository 接口进一步对 ReactiveCrudRepository 接口做了扩展，添加了排序功能。ReactiveSortingRepository 接口定义如下。

```
public interface ReactiveSortingRepository<T, ID> extends
    ReactiveCrudRepository<T, ID> {

    Flux<T> findAll(Sort sort);
}
```

位于 ReactiveSortingRepository 接口之上的就是各个与具体数据库操作相关的接口。以下一节将要介绍的 ReactiveMongoRepository 接口为例，它在 ReactiveSortingRepository 接口基础上进一步添加了针对 MongoDB 的各种特有操作。ReactiveMongoRepository 接口定义如下，可以看到，该接口同时扩展了 ReactiveSortingRepository 和 ReactiveQueryByExampleExecutor 接口，而 ReactiveQueryByExampleExecutor 接口正是 4.1.1 节中介绍的 QueryByExample 机制的响应式实现版本。

```
public interface ReactiveMongoRepository<T, ID> extends
    ReactiveSortingRepository<T, ID>, ReactiveQueryByExampleExecutor<T> {

    <S extends T> Mono<S> insert(S entity);

    <S extends T> Flux<S> insert(Iterable<S> entities);

    <S extends T> Flux<S> insert(Publisher<S> entities);

    <S extends T> Flux<S> findAll(Example<S> example);

    <S extends T> Flux<S> findAll(Example<S> example, Sort sort);
}
```

以上介绍的 Spring Reactive Data 中相关核心接口之间的继承关系如图 4-2 所示。

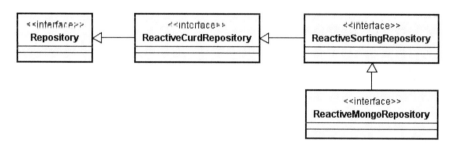

图 4-2 Spring Reactive Data 中核心接口继承关系图

4.2.2 创建响应式数据访问层组件

基于 Spring Reactive Data 抽象，在 Spring Boot 中创建响应式数据访问层组件的常见方式有三种，分别是继承 ReactiveCrudRepository 接口、继承数据库专用的 Reactive Repository 接口以及自定义数据访问层接口。

（1）继承 ReactiveCrudRepository 接口

如果基本的 CRUD 操作就能满足我们的需求，那么继承 ReactiveCrudRepository 接口来创建响应式数据访问层组件是最直接的方法，如下代码展示了这一使用方式。

```
public interface ProductReactiveRepository
    extends ReactiveCrudRepository<Product, String> {

    Mono<Product> getByProductCode(String productCode);
}
```

在上述代码中，假如领域实体是 Product，包含了主键 Id、ProductCode、ProductName 等属性，我们就可以定义一个 ProductReactiveRepository 接口，然后让该接口继承自

ReactiveCrudRepository 接口。根据需要，我们完全可以使用 ReactiveCrudRepository 接口的内置方法，也可以使用在 4.1.1 节中介绍的方法名衍生查询来实现丰富的自定义查询，如示例代码中的 getByProductCode()方法。

（2）继承数据库专用的 Reactive Repository 接口

如果需要使用针对某种数据库的特有操作，也可以继承数据库专用的 Reactive Repository 接口。在如下示例中，ProductReactiveRepository 接口就继承了 Mongodb 专用的 ReactiveMongoRepository 接口。同时，我们也可以使用 4.1.1 节中介绍的 QueryByExample 机制来实现自定义查询。关于 ReactiveMongoRepository 接口的具体使用方法，将在 4.3 节中进行详细介绍。

```
public interface ProductReactiveRepository
    extends ReactiveMongoRepository<Product, String> {

    Mono<Product> getByProductCode(String productCode);
}
```

（3）自定义数据访问层接口

我们也可以摈弃 Spring Data 的 Repository 接口，而采用完全自定义的数据访问层接口。如下代码定义了一个 ProductReactiveRepository 接口，可以看到该接口没有继承自 Spring Data 中任意层次的 Repository 接口。

```
public interface ProductReactiveRepository {
    Mono<Boolean> saveProduct(Product Product);

    Mono<Boolean> updateProduct(Product Product);

    Mono<Boolean> deleteProduct(String ProductId);

    Mono<Product> findProductById(String ProductId);

    Flux<Product> findAllProducts();
}
```

针对这种实现方式，我们需要构建针对 ProductReactiveRepository 接口的实现类，而在实现类中一般会使用 Spring 提供的各种响应式数据库访问模板类（如 ReactiveRedisTemplate）实现相应的数据访问功能。在 4.4 节中，我们将基于 Redis 来具体介绍这种自定义实现方式的过程和技巧。

4.3 响应式 MongoDB

MongoDB 和 Redis 是两个典型的支持响应式编程模型的数据存储媒介，Spring Boot 2.0 针对这两个数据存储媒介提供了响应式版本的数据访问组件，分别是 Reative Mongodb 组件和

Reative Redis 组件。本节先介绍 Reative Mongodb 组件。

在项目中使用 Reactive Mongodb 组件可以分成如图 4-3 所示的 4 个步骤，我们将围绕这些步骤进行详细展开。

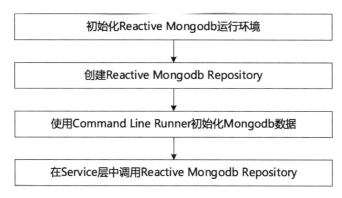

图 4-3　引入 Reactive Mongodb 的 4 大步骤

4.3.1　初始化 Reactive Mongodb 运行环境

1．导入 spring-boot-starter-data-mongodb-reactive

首先在 pom 文件中添加 spring-boot-starter-data-mongodb-reactive 依赖，代码如下。

```
<dependency>
    <groupId>org.springframework.boot</groupId>
    <artifactId>spring-boot-starter-data-mongodb-reactive</artifactId>
</dependency>
```

然后通过 Maven 来查看组件依赖关系，得到如图 4-4 所示的组件依赖图。可以看到，spring-boot-starter-data-mongodb-reactive 组件同时依赖于 spring-data-mongodb、mongodb-driver-reactivestreams 和 reactor-core 等组件。

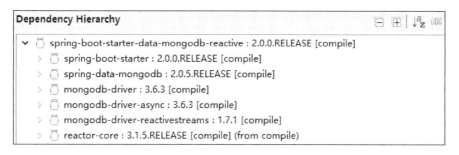

图 4-4　spring-boot-starter-data-mongodb-reactive 组件依赖图

2．创建 Spring Boot 启动类

创建 Spring Boot 启动类没有任何特殊之处，直接在包含 main() 函数的主类上添加

@SpringBootApplication 注解即可。这里创建了 SpringReactiveMongodbApplication 类，代码如下。

```
@SpringBootApplication
public class SpringReactiveMongodbApplication {

    public static void main(String[] args) {
        SpringApplication.run(SpringReactiveMongodbApplication
            .class, args);
    }
}
```

3. 使用@EnableReactiveMongoRepositories 注解

有时候我们也会用到@EnableReactiveMongoRepositories 注解，包含该注解的 Spring Boot 启动类如下。

```
@SpringBootApplication
@EnableReactiveMongoRepositories
public class SpringReactiveMongodbApplication {

    public static void main(String[] args) {
        SpringApplication.run(SpringReactiveMongodbApplication
            .class, args);
    }
}
```

事实上，默认情况下一般不需要在 Spring Boot 启动类中手工添加@EnableReactiveMongoRepositories 注解。因为当添加 spring-boot-starter-data-mongodb-reactive 组件到 classpath 时，MongoReactiveRepositoriesAutoConfiguration 会自动创建与 MongoDB 交互的核心类。MongoReactiveRepositoriesAutoConfiguration 类的定义如下。

```
@Configuration
@ConditionalOnClass({ MongoClient.class, ReactiveMongoRepository.class })
@ConditionalOnMissingBean({ ReactiveMongoRepositoryFactoryBean.class,
        ReactiveMongoRepositoryConfigurationExtension.class })
@ConditionalOnProperty(prefix = "spring.data.mongodb.reactive-repositories",
    name = "enabled", havingValue = "true", matchIfMissing = true)
@Import(MongoReactiveRepositoriesAutoConfigureRegistrar.class)
@AutoConfigureAfter(MongoReactiveDataAutoConfiguration.class)
public class MongoReactiveRepositoriesAutoConfiguration {

}
```

可以看到，这里引入了 MongoReactiveRepositoriesAutoConfigureRegistrar 类，如果 MongoDB 和 Spring Data 2.0 已经在 classpath 上，Spring Boot 会通过 MongoReactiveRepositoriesAuto

ConfigureRegistrar 类自动完成配置。MongoReactiveRepositoriesAutoConfigureRegistrar 类的定义如下。

```java
class MongoReactiveRepositoriesAutoConfigureRegistrar
    extends AbstractRepositoryConfigurationSourceSupport {

    @Override
    protected Class<? extends Annotation> getAnnotation() {
        return EnableReactiveMongoRepositories.class;
    }

    @Override
    protected Class<?> getConfiguration() {
        return EnableReactiveMongoRepositoriesConfiguration.class;
    }

    @Override
    protected RepositoryConfigurationExtension getRepositoryConfiguration
        Extension() {
        return new ReactiveMongoRepositoryConfigurationExtension();
    }

    @EnableReactiveMongoRepositories
    private static class EnableReactiveMongoRepositoriesConfiguration {

    }
}
```

在上述代码的最后部分，我们看到了熟悉的@EnableReactiveMongoRepositories 注解。显然，如果我们使用 Spring Boot 的默认配置，就不需要刻意在启动类上添加@EnableReactiveMongoRepositories 注解。但如果希望修改 MongoDB 的配置行为，这个注解就可以派上用处。以下代码演示了@EnableReactiveMongoRepositories 注解的使用方法。

```java
@Configuration
@EnableReactiveMongoRepositories(basePackageClasses =
    OrderRepository.class)
public class MongoConfig extends AbstractReactiveMongoConfiguration {

    @Bean
    @Override
    public MongoClient reactiveMongoClient() {
        return MongoClients.create();
    }

    @Override
    protected String getDatabaseName() {
```

```java
        return "order_test";
    }

    @Bean
    public ReactiveMongoTemplate mongoTemplate() throws Exception {
        return new ReactiveMongoTemplate(mongoClient(), getDatabaseName());
    }
}
```

以上代码中,我们通过@EnableReactiveMongoRepositories 注解指定了 "basePackage Classes",同时修改所要访问的数据库名为 "order_test",而在默认情况下,这个数据库名会与领域实体的名称保持一致。

4.3.2 创建 Reactive Mongodb Repository

在本节中,我们定义了一个新的领域实体 Article,并使用@Document 和@Id 等 MongoDB 相关的注解。Article 实体代码如下。

```java
@Document(collection = "article")
public class Article {

    @Id
    private String id;
    private String title;
    private String content;
    private String author;
}
```

我们可以通过 4.2.2 节中介绍的三种方式中的任何一种来创建 Reactive Mongodb Repository。这里定义了继承自 ReactiveMongoRepository 接口的 ArticleReactiveMongoRepository 接口,同时该接口还继承了 ReactiveQueryByExampleExecutor 接口。ArticleReactiveMongoRepository 接口定义的代码如下,可以看到,我们完全基于 ReactiveMongoRepository 接口和 ReactiveQueryByExampleExecutor 接口的默认方法来实现业务功能。

```java
@Repository
public interface ArticleReactiveMongoRepository
    extends ReactiveMongoRepository<Article, String>,
        ReactiveQueryByExampleExecutor<Article> {
}
```

4.3.3 使用 CommandLineRunner 初始化 MongoDB 数据

对 MongoDB 等数据库而言,我们希望能够在服务运行之前填充部分初始化数据。本节将介绍如何实现这一常见场景的具体方法。

1. CommandLineRunner 组件

很多时候，我们希望在系统运行之前执行一些初始化操作，为了实现这样的需求，Spring Boot 提供了一个方案，即 CommandLineRunner 接口。当 Spring 的 ApplicationContext 初始化完成之后，应用程序中存在的所有 CommandLineRunner 都会被执行。CommandLineRunner 的接口定义如下。

```java
public interface CommandLineRunner {
    void run(String... args) throws Exception;
}
```

Spring Boot 应用程序在启动后，会遍历 CommandLineRunner 接口的实例并运行它们的 run()方法。我们也可以利用@Order 注解来指定所有 CommandLineRunner 实例的运行顺序。

2. MongoOperations 工具类

在 MongoDB 客户端组件中存在一个 MongoOperations 工具类。相对于 Repository 接口而言，MongoOperations 提供了更多的方法，也更接近了 MongoDB 的原生态语言。如下代码展示了使用 MongoOperations 的常见用法，我们可通过构建 MongoTemplate 类来实现对 MongoDB 的数据操作。

```java
MongoOperations mongoOps = new MongoTemplate(new Mongo(), "zch");
mongoOps.dropCollection(Account.class);
mongoOps.remove(new Query(where("username").is("tianyalan")),
    Account.class);
mongoOps.insert(new Account("tianyalan1", 34));
mongoOps.insert(new Account("tianyalan2", 24));

List<Account> accounts = mongoOps.find(new
    Query(where("age").lt(30)), Account.class);
for (Account account : accounts) {
    log.info(account.getUserName() + account.getAge());
}
```

基于 CommandLineRunner 和 MongoOperations，我们就可以对 MongoDB 进行数据初始化，示例代码如下。

```java
@Component
public class InitDatabase {
    @Bean
    CommandLineRunner init(MongoOperations operations) {
        return args -> {
            operations.dropCollection(Article.class);

            operations.insert(new Article(UUID.randomUUID().toString(),
                "title1", "content1", "author1"));
            operations.insert(new Article(UUID.randomUUID().toString(),
```

```
            "title2", "content2", "author2"));
        
        operations.findAll(Article.class).forEach(acticle -> {
            System.out.println(acticle.toString());
        });
    };
  }
}
```

在这个例子中，我们先通过 MongoOperations 的 dropCollection()方法清除整个 Article 数据库中的数据，然后往该数据库中添加两条记录，最后通过 findAll()方法执行查询操作获取新插入的两条数据并打印在控制台上。

4.3.4 在 Service 层中调用 Reactive Repository

完成 ArticleReactiveMongoRepository 并初始化数据之后，我们就可以创建 Service 层组件来调用 ArticleReactiveMongoRepository。本节创建了 ArticleService 类作为 Service 层组件，代码如下。

```
@Service
public class ArticleService {
    private final ArticleReactiveMongoRepository articleRepository;
    
    ArticleService(ArticleReactiveMongoRepository articleRepository) {
        this.articleRepository = articleRepository;
    }
    
    public Mono<Article> save(Article article) {
        return articleRepository.save(article);
    }
    
    public Mono<Article> findOne(String id) {
        return articleRepository
            .findById(id).log("findOneArticle");
    }
    
    public Flux<Article> findAll() {
        return articleRepository.findAll().log("findAll");
    }
    
    public Mono<Void> delete(String id) {
        return articleRepository
            .deleteById(id).log("deleteOneArticle");
    }
```

```
    public Flux<Article> findByAuthor(String author) {
        Article e = new Article();
        e.setAuthor(author);

        ExampleMatcher matcher = ExampleMatcher.matching()
            .withIgnoreCase()
            .withMatcher(author, startsWith())
            .withIncludeNullValues();

        Example<Article> example = Example.of(e, matcher);

        Flux<Article> articles = articleRepository
            .findAll(example).log("findByAuthor");

        return articles;
    }
}
```

1. 使用 QueryByExample 机制

ArticleService 类中的 save()、findOne()、findAll()和 delete()方法都来自 ReactiveMongo Repository 接口,而最后的 findByAuthor()方法则使用了 ReactiveQueryByExampleExecutor 接口,核心代码如下。

```
ExampleMatcher matcher = ExampleMatcher.matching()
    .withIgnoreCase()
    .withMatcher(author, startsWith())
    .withIncludeNullValues();

Example<Article> example = Example.of(e, matcher);

Flux<Article> articles = articleRepository
    .findAll(example).log("findByAuthor");
```

以上代码中,首先构建了一个 ExampleMatcher 用于初始化匹配规则,然后通过传入一个 Author 对象实例和 ExampleMatcher 实例构建了一个 Example 对象,最后通过 ReactiveQuery ByExampleExecutor 接口中的 findAll()方法实现了 QueryByExample 机制。

2. 使用 Log 组件

我们也应该注意到在 ArticleService 的 findOne()、findAll()、delete()和 findByAuthor()这 4 个方法的最后都调用了 log()方法,该方法使用了 Reactor 框架中的日志工具类,我们在 2.4.7 节中有详细介绍。通过添加 log()方法,我们在执行这些数据操作时就会获取 Reactor 框架中对数据的详细操作日志信息。在这个示例中,启动服务并执行这 4 个方法,会在控制台中看到如下信息(为了显示效果,部分内容做了调整)。

```
[localhost:27017]org.mongodb.driver.connection: Opened connection
```

```
[connectionId{localValue:15, serverValue:1}] to localhost:27017
[localhost:27017] org.mongodb.driver.cluster: Monitor thread successfully
connected to server with description ServerDescription{address=
localhost:27017, type=STANDALONE, state=CONNECTED, ok=true, version=
ServerVersion{versionList=[3, 5, 11]}, minWireVersion=0, maxWireVersion=6,
maxDocumentSize=16777216,logicalSessionTimeoutMinutes=null,
roundTripTimeNanos =1846612}
[main] org.mongodb.driver.connection : Opened connection [connectionId
{localValue:16, serverValue:2}] to localhost:27017
Article{id='43cc7e7b-3f6a-42f3-b00d-ee3f56d14708'title='title1',
content='content1', author='author1'}
Article{id='14f9ac2d-d37e-4093-8f21-f1eda1863137'title='title2',
content='content2', author='author2'}
[localhost:27017] org.mongodb.driver.connection : Opened connection
[connectionId{localValue:17, serverValue:3}] to localhost:27017
[localhost:27017] org.mongodb.driver.cluster : Monitor thread successfully
connected to server with description ServerDescription{address=
localhost:27017, type=STANDALONE, state=CONNECTED, ok=true, version=
ServerVersion{versionList=[3, 5, 11]}, minWireVersion=0, maxWireVersion=6,
maxDocumentSize=16777216,logicalSessionTimeoutMinutes=null,
roundTripTimeNanos=2581047}
[nio-8080-exec-2] o.a.c.c.C.[Tomcat].[localhost].[/] : Initializing Spring
FrameworkServlet 'dispatcherServlet'
[nio-8080-exec-2] o.s.web.servlet.DispatcherServlet: FrameworkServlet
'dispatcherServlet': initialization started
[nio-8080-exec-2] o.s.web.servlet.DispatcherServlet: FrameworkServlet
'dispatcherServlet': initialization completed in 93 ms
[nio-8080-exec-2] findAll: onSubscribe(FluxOnErrorResume.ResumeSubscriber)
[nio-8080-exec-2] findAll: request(unbounded)
[ntLoopGroup-2-4] org.mongodb.driver.connection: Opened connection
[connectionId{localValue:18, serverValue:4}] to localhost:27017
[ntLoopGroup-2-4] findAll: onNext(Article{id='43cc7e7b-3f6a-42f3-b00d-
ee3f56d14708'title='title1', content='content1', author='author1'})
[ntLoopGroup-2-4] findAll: onNext(Article{id='14f9ac2d-d37e-4093-8f21-
f1eda1863137'title='title2', content='content2', author='author2'})
[ntLoopGroup-2-4] findAll: onComplete()
[nio-8080-exec-4]findOneArticle:onSubscribe(FluxOnErrorResume.
ResumeSubscriber)
[nio-8080-exec-4] findOneArticle: request(unbounded)
[ntLoopGroup-2-4] findOneArticle: onNext(Article{id='43cc7e7b-3f6a-42f3-
b00d-ee3f56d14708'title='title1', content='content1', author='author1'})
[ntLoopGroup-2-4] findOneArticle: onComplete()
```

```
[nio-8080-exec-6]findByAuthor:onSubscribe(FluxOnErrorResume.
ResumeSubscriber)
[nio-8080-exec-6] findByAuthor: onSubscribe(FluxPeek.PeekSubscriber)
[nio-8080-exec-6] findByAuthor: request(unbounded)
[nio-8080 exec-6] findByAuthor: request(unbounded)
[ntLoopGroup-2-4] findByAuthor: onNext(Article{id='43cc7e7b-3f6a-42f3-b00d
-ee3f56d14708'title='title1', content='content1', author='author1'})
[ntLoopGroup-2-4] findByAuthor: onNext(Article{id='43cc7e7b-3f6a-42f3-
b00d-ee3f56d14708'title='title1', content='content1', author='author1'})
[ntLoopGroup-2-4] findByAuthor: onComplete()
[ntLoopGroup-2-4] findByAuthor: onComplete()
[nio-8080-exec-8]deleteOneArticle:onSubscribe(MonoIgnoreElements.
IgnoreElementsSubscriber)
[nio-8080-exec-8] deleteOneArticle: request(unbounded)
[ntLoopGroup-2-4] deleteOneArticle: onComplete()
```

上述日志信息分成两部分，一部分展示了服务启动时通过 CommandLineRunner 插入初始化数据到数据库的过程，另一部分则分别针对各个添加了 log() 方法的操作打印出数据流的执行效果。

4.4 响应式 Redis

本节将介绍 Reative Redis 组件，使用该组件的步骤与 Reactive Mongodb 类似，下面同样围绕这些步骤展开讨论。

4.4.1 初始化 Reactive Redis 运行环境

1. 导入 spring-boot-starter-data-redis-reactive

首先在 pom 文件中添加 spring-boot-starter-data-redis-reactive 依赖，代码如下。

```xml
<dependency>
    <groupId>org.springframework.boot</groupId>
    <artifactId>spring-boot-starter-data-redis-reactive</artifactId>
</dependency>
```

然后通过 Maven 查看组件依赖关系，可以得到如图 4-5 所示的组件依赖图。可以看到，spring-boot-starter-data-redis-reactive 组件同时依赖于 spring-data-redis 和 luttuce-core 组件。

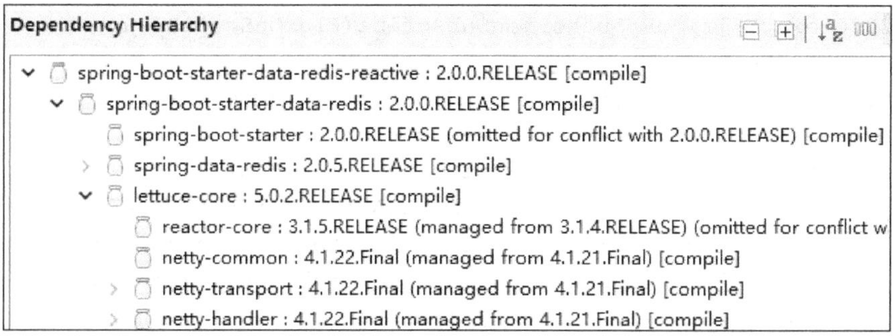

```
Dependency Hierarchy
  spring-boot-starter-data-redis-reactive : 2.0.0.RELEASE [compile]
    spring-boot-starter-data-redis : 2.0.0.RELEASE [compile]
      spring-boot-starter : 2.0.0.RELEASE (omitted for conflict with 2.0.0.RELEASE) [compile]
      spring-data-redis : 2.0.5.RELEASE [compile]
      lettuce-core : 5.0.2.RELEASE [compile]
        reactor-core : 3.1.5.RELEASE (managed from 3.1.4.RELEASE) (omitted for conflict w
        netty-common : 4.1.22.Final (managed from 4.1.21.Final) [compile]
        netty-transport : 4.1.22.Final (managed from 4.1.21.Final) [compile]
        netty-handler : 4.1.22.Final (managed from 4.1.21.Final) [compile]
```

图 4-5　spring-boot-starter-data-redis-reactive 组件依赖图

在图 4-5 中可同时看到 luttuce-core 组件中依赖于 reactor-core 组件以及三个与 netty 相关的组件。

2．创建 Spring Boot 启动类

在 4.1.3 节中讨论了与 Redis 相关的 RedisConnection、RedisConnectionFactory、RedisTemplate、序列化等核心概念，这些概念都是基于传统的编程模型。而在本节中，我们将采用响应式编程方式来构建 Redis 数据访问层，需要对 ConnectionFactory、RedisTemplate 等组件进行升级。

（1）ConnectionFactory

在 Redis 中，Connection 用于连接 Redis，而 ConnectionFactory 用于生产 Connection。常见的 ConnectionFactory 有 JedisConnectionFactory 和 LettuceConnectionFactory 两种。

- JedisConnectionFactory：JedisConnectionFactory 实现上是直连 Redis，多线程环境下非线程安全，除非使用连接池为每个 Jedis 实例增加物理连接。
- LettuceConnectionFactory：LettuceConnectionFactory 基于 Netty 创建连接实例，可以在多个线程间实现线程安全，满足多线程环境下的并发访问要求。更重要的是，LettuceConnectionFactory 同时支持响应式的数据访问用法，它是 ReactiveRedisConnectionFactory 的一种实现类。这也是在图 4-5 中看到 luttuce-core 组件同时依赖 reactor-core 组件和 netty 组件的原因。

LettuceConnectionFactory 类最简单的使用方法如下。

```
@Bean
public ReactiveRedisConnectionFactory lettuceConnectionFactory() {
    return new LettuceConnectionFactory();
}

@Bean
public ReactiveRedisConnectionFactory lettuceConnectionFactory() {
    return new LettuceConnectionFactory("localhost", 6379);
}
```

当然，LettuceConnectionFactory 也提供了一系列配置项供我们在初始化时进行设置，示例代码如下，我们可以对连接的安全性、超时时间等参数进行设置。

```java
@Bean
public ReactiveRedisConnectionFactory lettuceConnectionFactory() {
    RedisStandaloneConfiguration redisStandaloneConfiguration
        = new RedisStandaloneConfiguration();
    redisStandaloneConfiguration.setDatabase(database);
    redisStandaloneConfiguration.setHostName(host);
    redisStandaloneConfiguration.setPort(port);
    redisStandaloneConfiguration.setPassword(RedisPassword.of(password));
    LettuceClientConfiguration.LettuceClientConfigurationBuilder
        lettuceClientConfigurationBuilder = LettuceClientConfiguration
        .builder();
    LettuceConnectionFactory factory = new LettuceConnectionFactory(
        redisStandaloneConfiguration,
        lettuceClientConfigurationBuilder.build());
    return factory;
}
```

（2）ReactiveRedisTemplate

ReactiveRedisTemplate 的创建方式如下，与传统 RedisTemplate 创建方式的主要区别在于 ReactiveRedisTemplate 依赖于 ReactiveRedisConnectionFactory 来获取 ReactiveRedisConnection。

```java
@Bean
ReactiveRedisTemplate<String, String>
reactiveRedisTemplate(ReactiveRedisConnectionFactory factory) {
    return new ReactiveRedisTemplate<>(factory,
        RedisSerializationContext.string());
}

@Bean
ReactiveRedisTemplate<String, Article> redisOperations(
    ReactiveRedisConnectionFactory factory) {
    Jackson2JsonRedisSerializer<Article> serializer = new
        Jackson2JsonRedisSerializer<>(Article.class);

    RedisSerializationContext.RedisSerializationContextBuilder
    <String, Article> builder = RedisSerializationContext
        .newSerializationContext(new StringRedisSerializer());

    RedisSerializationContext<String, Article> context =
        builder.value(serializer).build();

    return new ReactiveRedisTemplate<>(factory, context);
}
```

（3）完整 Spring Boot 启动类

完整的 Spring Boot 启动类 SpringReactiveRedisApplication 代码如下，整合了 LettuceConnectionFactory 和 ReactiveRedisTemplate 的创建过程。

```
@SpringBootApplication
public class SpringReactiveRedisApplication {

    @Bean
    public ReactiveRedisConnectionFactory redisConnectionFactory() {
        return new LettuceConnectionFactory();
    }

    @Bean
    ReactiveRedisTemplate<String, String> reactiveRedisTemplate(
        ReactiveRedisConnectionFactory factory) {
        return new ReactiveRedisTemplate<>(factory,
            RedisSerializationContext.string());
    }

    @Bean
    ReactiveRedisTemplate<String, Article> redisOperations(
        ReactiveRedis ConnectionFactory factory) {
        Jackson2JsonRedisSerializer<Article> serializer = new
            Jackson2JsonRedisSerializer<>(Article.class);

        RedisSerializationContext.RedisSerializationContextBuilder
            <String, Article> builder = RedisSerializationContext
            .newSerializationContext(new StringRedisSerializer());

        RedisSerializationContext<String, Article> context =
            builder.value(serializer).build();

        return new ReactiveRedisTemplate<>(factory, context);
    }

    public static void main(String[] args) {
        SpringApplication.run(SpringReactiveRedisApplication.class, args);
    }
}
```

4.4.2 创建 Reactive Redis Repository

在创建针对 Redis 的响应式 Repository 时，我们将采用 4.2.2 节中介绍的第三种方法，即自定义数据访问层接口。下面创建了 ArticleReactiveRedisRepository 接口，代码如下。

```java
public interface ArticleReactiveRedisRepository {
    Mono<Boolean> saveArticle(Article article);

    Mono<Boolean> updateArticle(Article article);

    Mono<Boolean> deleteArticle(String articleId);

    Mono<Article> findArticleById(String articleId);

    Flux<Article> findAllArticles();
}
```

然后创建了 ArticleReactiveRedisRepositoryImpl 类来实现 ArticleReactiveRedisRepository 接口中定义的方法，这里就会用到初始化的 ReactiveRedisTemplate。ArticleReactiveRedisRepositoryImpl 类代码如下。

```java
Repository
public class ArticleReactiveRedisRepositoryImpl implements
    ArticleReactiveRedisRepository {

    @Autowired
    private ReactiveRedisTemplate<String, Article> reactiveRedisTemplate;

    private static final String HASH_NAME = "Article:";

    @Override
    public Mono<Boolean> saveArticle(Article article) {
        return reactiveRedisTemplate.opsForValue()
                .set(HASH_NAME + article.getId(), article);
    }

    @Override
    public Mono<Boolean> updateArticle(Article article) {
        return reactiveRedisTemplate.opsForValue()
                .set(HASH_NAME + article.getId(), article);
    }

    @Override
    public Mono<Boolean> deleteArticle(String articleId) {
        return reactiveRedisTemplate.opsForValue().delete(HASH_NAME + articleId);
    }

    @Override
    public Mono<Article> findArticleById(String articleId) {
```

```
        return reactiveRedisTemplate.opsForValue().get(HASH_NAME + articleId);
    }

    public Flux<Article> findAllArticles() {
        return reactiveRedisTemplate.keys(HASH_NAME + "*")
            .flatMap((String key) -> {
                Mono<Article> mono = reactiveRedisTemplate.opsForValue().get(key);
                return mono;
            });
    }
}
```

上述代码中的 reactiveRedisTemplate.opsForValue()方法将使用 ReactiveValueOperations 来实现对 Redis 中数据的具体操作。与传统的 RedisOperations 工具类一样，响应式 Redis 也提供了 ReactiveHashOperations、ReactiveListOperations、ReactiveSetOperations、ReactiveValueOperations 和 ReactiveZSetOperations 组件，分别用于处理不同的数据类型。同时，在最后的 findAllArticles()方法中，我们也演示了如何使用 2.4.1 节中介绍的 flatMap 操作符来根据 Redis 中的 Key 获取具体实体对象的处理方式，这种处理方式在响应式编程过程中应用非常广泛。

4.4.3 在 Service 层中调用 Reactive Repository

在 Service 层中调用 ArticleReactiveRedisRepository 的过程比较简单。下面创建了对应的 ArticleService 类，代码如下，具体不做展开。

```
@Service
public class ArticleService {
    private final ArticleReactiveRedisRepository
        articleRepository;

    ArticleService(ArticleReactiveRedisRepository
        articleRepository) {
        this.articleRepository = articleRepository;
    }

    public Mono<Boolean> save(Article article) {
        return articleRepository.saveArticle(article);
    }

    public Mono<Boolean> delete(String id) {
        return articleRepository.deleteArticle(id);
    }

    public Mono<Article> findArticleById(String id) {
        return articleRepository
```

```
        .findArticleById(id).log("findOneArticle");
    }

    public Flux<Article> findAllArticles() {
        return articleRepository
            .findAllArticles().log("findAllArticles");
    }
}
```

4.5 本章小结

作为服务开发最重要的基础功能之一，我们可以通过 Spring Data 非常方便地与关系型数据库、Redis 和 MongoDB 等一系列数据存储媒介进行集成。本章第一部分内容对 Spring Data 的设计模型做了抽象，并介绍了如何使用 Spring Boot 与这些数据库组件进行集成的方法。

对响应式微服务架构而言，数据访问也是构建全栈响应式系统的重要一环。为此，Spring Data 也专门提供了 Spring Reactive Data 用来创建响应式数据访问层组件。在本章中，我们重点就 MongoDB 和 Redis 这两个支持响应式特性的 NoSQL 数据库分别给出了如何使用 Spring Reactive Data 来实现响应式数据访问的基本步骤和代码示例。

第 5 章

构建响应式消息通信组件

回想第 3 章中介绍使用 Spring Initializer 初始化响应式 Web 应用时所使用的图 3-4,可以看到以 Reactive 开头的组件一共有 Reactive Web、Reactive Mongo、Reactive Redis 和 Reactive Cloud Stream 这 4 个,其中前三个分别在第 3 章和第 4 章中做了详细介绍,本章将介绍剩余的 Reactive Cloud Stream 组件。

Spring Cloud Stream 是 Spring Cloud 家族中用来构建事件驱动架构的核心组件。在微服务设计和开发过程中通常会存在这样的需求:当系统中的某个服务因为用户操作或内部行为触发一个事件时,该服务知道这个事件在将来的某一个时间点会被其他某个服务所消费,但是并不知道这个服务具体是谁,也不关心什么时候被消费。同样,消费该事件的服务也不一定需要知道该事件是由哪个服务所发布的。满足以上场景的系统代表着一种松耦合的架构,也就是事件驱动架构。

事件驱动架构的基本组成见图 5-1,包括事件发布(Publish)、订阅(Subscribe)和消费(Consume)等基本过程。微服务系统中的某个服务发布事件时,该服务可以广播事件到事件中心(Event Center),而每一个对该事件感兴趣的服务都可以订阅这个事件。每当事件被触发时,系统将负责自动调用那些已订阅服务的事件处理程序。每个事件消费者都可以有自己的一套独立的事件处理程序,事件发布者并不关心它所发布的事件被如何消费。

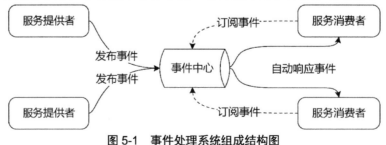

图 5-1 事件处理系统组成结构图

第 5 章 构建响应式消息通信组件

事件驱动架构代表的是一种架构设计风格,其实现方法和工具有很多。本章将引入 Spring Cloud Stream 以及它的响应式版本 Reactive Spring Cloud Stream,并结合案例给出如何进行事件建模以及如何实现图 5-1 中的事件发布者和事件消费者的方法。

5.1 消息通信系统简介

在微服务架构中,引入事件驱动设计思想的主要目标是降低各个服务之间的耦合度。我们在 1.3.1 节中讨论响应式微服务架构的设计原则时提到了在软件设计上包括技术耦合度、空间耦合度和时间耦合度三种耦合度。基于 HTTP 协议、面向资源的 RESTful 架构风格能够支持在服务提供者与服务消费者之间采用多种不同的技术实现方式,从而规避技术耦合度。而对于空间耦合,也可以采用 HATEOAS 在一定程度上缓解这种耦合度。但在时间耦合度上,REST 风格面临与 RPC 同样的耦合问题。

消息通信(Messaging)机制能够降低技术耦合度、空间耦合度和时间耦合度。如图 5-2 所示,消息通信机制在消息发送方和消息接收方之间添加了存储转发(Store and Forward)功能。存储转发的基本思想就是将数据先缓存起来,再根据其目的地址将该数据发送出去。显然,有了存储转发机制之后,消息发送方和消息接收方之间不需要相互认识,也不需要同时在线,更不需要采用同样的实现技术。紧耦合的单阶段方法调用就转变成松耦合的两阶段过程,技术、空间和时间上的约束通过中间层得到显著缓解。

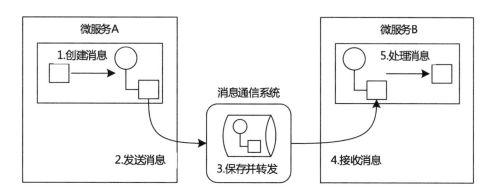

图 5-2 消息通信机制

在消息通信系统中,消息的生产者负责产生消息,一般由业务系统充当生产者;消息的消费者负责消费消息,一般由后台系统负责异步消费。生产者行为模式单一,而消费者根据消费方式的不同有一些特定的分类,常见的有推送型消费者(Push Consumer)和拉取型消费者(Pull Consumer),推送指的是应用系统向消费者对象注册一个 Listener 接口,并通过回调 Listener 接口方法实现消息消费,而在拉取方式下,应用系统通常主动调用消费者的拉消息方法消费消息，主动权由应用系统控制。

消息通信有两种基本模型，即发布-订阅（Pub-Sub）模型和点对点（Point to Point）模型。发布-订阅支持生产者和消费者之间的一对多关系，是典型的推送消费者实现机制；而点对点模型中有且仅有一个消费者，通过基于间隔性拉取的轮询（Polling）方式进行消息消费。当生产者和消费者数量较多时，也可以引入组（Group）的概念，Producer Group 和 Consumer Group 分别代表一类生产者和消费者的集合，使用统一逻辑发送和接收消息。

上述概念构成了消息通信系统最基本的模型，围绕这个模型，业界有一些实现规范和工具，常见的规范有 JMS（Java Message Service，Java 消息服务）和 AMQP（Advanced Message Queuing Protocol，高级消息队列规范），以及它们的代表性实现框架 ActiveMQ 和 RabbitMQ 等，而 Kafka、RocketMQ 等工具并不遵循特定的规范，但也提供了消息通信系统的设计和实现方案。本章将重点介绍基于 Spring Cloud Stream 的实现方案，Spring Cloud Stream 内部封装了常见消息通信系统的实现工具。

5.2 使用 Spring Cloud Stream 构建消息通信系统

Spring Cloud Stream 是 Spring Cloud 家族中的一个重要成员，专门用于构建低耦合度的事件驱动架构。本节将从 Spring Cloud Stream 的基本架构说起，介绍它与主流消息中间件之间的集成关系，并分别给出如何实现消息发布者和消息消费者的具体方法。

5.2.1 Spring Cloud Stream 基本架构

Spring Cloud Stream 对整个消息发布和消费过程做了高度抽象，并提供了一系列核心组件。本节先介绍通过 Spring Cloud Stream 构建事件驱动架构的基本工作流程，然后给出对各个核心组件的详细描述。

1. Spring Cloud Stream 工作流程

Spring Cloud Stream 中有三个角色，即消息的发布者、消费者以及消息通信系统。以消息通信系统为中心，整个工作流程表现为一种对称结构，如图 5-3 所示。

在图 5-3 中，消息发布者根据业务需要产生消息发送的需求，Spring Cloud Stream 中的 Source 组件是真正生成消息的组件，然后消息通过 Channel 传送到 Binder，这里的 Binder 是一个抽象组件，通过 Binder 可以与特定的消息通信系统进行通信。在 Spring Cloud Stream 中，目前已经内置集成的消息通信系统实现工具包括 RabbitMQ 和 Kafka。

另一方面，消息消费者则同样通过 Binder 从消息通信系统中获取消息，消息通过 Channel 将流转到 Sink 组件。这里的 Sink 组件是服务级别的，即每个微服务可能会实现不同的 Sink 组件，分别对消息进行不同业务上的处理。

第 5 章　构建响应式消息通信组件

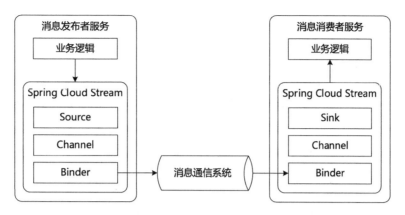

图 5-3　Spring Cloud Stream 工作流程图

2．Spring Cloud Stream 核心组件

从图 5-3 中不难看出，Spring Cloud Stream 具备 4 个核心组件，分别是 Binder、Channel、Source 和 Sink，其中 Binder 和 Channel 成对出现，而 Source 和 Sink 分别面向消息的发布者和消费者。

（1）Binder

Binder 是 Spring Cloud Stream 的一个重要的抽象概念，是服务与消息通信系统之间的黏合剂。目前 Spring Cloud Stream 实现了面向 Kafka 和 RabbitMQ 这两种消息中间件的 Binder。通过 Binder，我们可以很方便地连接消息中间件，也可以动态改变消息的目标地址和发送方式。同时，Binder 组件也提供了消费者分组和消息分区等特性。关于这些特性，本章后续内容会有详细介绍。Binder 的核心价值就在于我们可以直接使用这些特性而不需要了解其背后的各种消息中间件在实现上的差异。

（2）Channel

Channel 即通道，是对队列（Queue）的一种抽象。我们知道在消息通信系统中，队列的作用就是实现存储转发的媒介，消息发布者所生成的消息都将保存在队列中，并由消息消费者进行消费。通道的名称对应的就是队列的名称，但是作为一种抽象和封装，各个消息通信系统所特有的队列概念并不会直接暴露在业务代码中，而是通过通道来对队列进行配置。

（3）Source 和 Sink

我们已经不是第一次看到 Source 和 Sink 这对组合名词了，可以把它们简单理解为输出和输入，但我们还是要明确这里输入/输出的参照对象是 Spring Cloud Stream 自身，即从 Spring Cloud Stream 发布消息就是输出，而通过 Spring Cloud Stream 接收消息就是输入。因此，Source 组件用于面向单个输出通道的应用，而 Sink 则用在有单个输入通道的应用。

在 Spring Cloud Stream 中，Source 组件表面上是使用一个 POJO 对象来作为需要发布的消息，通过将该对象进行序列化（默认的序列化方式是 JSON），然后发布到通道中。另一方面，Sink 组件监听通道并等待消息的到来，一旦有可用消息，Sink 将该消息反序列化为一个

POJO 对象，并用于处理业务逻辑。而在底层处理机制上，Spring Cloud Stream 在实现这一过程中需要借助 Spring Integration 这一企业服务总线组件。

3. Spring Cloud Stream 与 Spring Integration

在了解了 Spring Cloud Stream 的基本流程和核心组件之后，我们来看一下该框架背后的实现机制。事实上，Spring Cloud Stream 是基于 Spring Integration 实现了消息发布和消费机制，并提供了一层封装，很多关于消息发布和消费的概念及其实现方法本质上都是依赖于 Spring Integration 的。下面将简要介绍 Spring Integration 框架，以便读者在使用 Spring Cloud Stream 时对其背后的实现原理有更好的理解。

（1）Spring Integration 简介

Spring Integration 同样是 Spring 家族中的一员，作为轻量级、松耦合系统集成框架，与现有 Spring 应用程序能够完美融合。从定位上讲，Spring Integration 是一种企业服务总线（Enterprise Service Bus，ESB），支持并扩展主流企业集成（Enterprise Integration Pattern，EIP）模式，并提供众多基础性系统交互端点技术。关于企业集成模式的更多介绍，可以参考该领域的经典著作《企业集成模式》[13]，而关于 Spring Integration 的更多信息，请参考其官方网站（http://projects.spring.io/spring-integration）。

Spring Integration 把通道抽象成两种基本的表现形式，即支持轮询的 PollableChannel 和实现发布/订阅模式的 SubscribableChannel，这两个通道都继承自具有消息发送功能的 MessageChannel，通道相关的定义如下。

```
public interface MessageChannel {

    boolean send(Message message);

    boolean send(Message message, long timeout);
}

public interface PollableChannel extends MessageChannel {

    Message<?> receive();

    Message<?> receive(long timeout);
}

public interface SubscribableChannel extends MessageChannel {

    boolean subscribe(MessageHandler handler);

    boolean unsubscribe(MessageHandler handler);
}
```

我们注意到对 PollableChannel 而言才有 receive() 的概念，代表这是通过轮询操作主动获取消息的过程，而 SubscribableChannel 则是通过注册回调函数 MessageHandler 来实现事件响应。

（2）Spring Cloud Stream 中的 Spring Integration

结合 Spring Integration 中的相关概念，我们就不难理解 Spring Cloud Stream 中关于 Source 和 Sink 的定义。Source 和 Sink 都是接口，其中 Source 接口的定义如下，通过 MessageChannel 来发送消息。这里的 @Output 注解定义了一个输出通道，所发布的消息通过该通道离开应用。

```java
import org.springframework.cloud.stream.annotation.Output;
import org.springframework.messaging.MessageChannel;

public interface Source {

    String OUTPUT = "output";

    @Output(Source.OUTPUT)
    MessageChannel output();
}
```

类似地，Sink 接口定义如下，通过 Spring Integration 中的 SubscribableChannel 来实现消息接收，而 @Input 注解定义了一个输入通道，应用通过该输入通道接收来自外部的消息。

```java
import org.springframework.cloud.stream.annotation.Input;
import org.springframework.messaging.SubscribableChannel;

public interface Sink{

    String INPUT = "input";

    @Input(Source.INPUT)
    SubscribableChannel input();
}
```

注意到 @Input 和 @Output 注解可以使用通道名称作为参数，如果没有名称，会使用带注解的方法名字作为参数。也就是说，默认情况下分别使用 "input" 和 "output" 作为通道名称。从这个角度讲，一个 Spring Cloud Stream 应用程序可以存在任意数量的 Input 和 Output 通道，我们只需要对这些通道通过 @Input 和 @Output 注解进行定义即可。例如，在如下代码中，我们定义了 TianyalanChannel 接口并声明了两个 Input 通道和一个 Output 通道，表明该服务会向外部的一个通道发送消息，并从外部的两个通道中获取消息。

```java
public interface TianyalanChannel{

    @Input
```

```
    SubscribableChannel input1();

    @Input
    SubscribableChannel input2();

    @Output
    MessageChannel output1();
}
```

上述接口定义中直接使用了 Spring Integration 中的 SubscribableChannel 和 MessageChannel 接口，Spring Cloud Stream 对 Spring Integration 提供了原生支持，我们可以使用 Spring Integration 提供的 API 直接操作消息发布和接收的过程，但通常不需要也不建议使用这种底层方式。

5.2.2 Spring Cloud Stream 中的 Binder 组件

Binder 组件作为 Spring Cloud Stream 中的核心组件，本质上是一个中间层，负责与各种消息中间件的交互。目前，Spring Cloud Stream 提供了对 RabbitMQ 和 Kafka 这两个主流消息中间件的集成。在具体介绍使用 Spring Cloud Stream 发布和消费消息之前，我们先结合消息通信机制的核心概念给出 Binder 对这两种不同消息中间件的整合方式。

1．AMQP 规范和 RabbitMQ

下面会基于 RabbitMQ 来讨论 Spring Cloud Stream 和 Reactive Spring Cloud Stream 的使用方法。在此之前，我们有必要对 RabbitMQ 以及它所遵循的 AMQP 规范做简要介绍。

（1）AMQP 规范

AMQP 是一个提供统一消息服务的应用层标准高级消息队列规范，基于此规范的客户端与消息中间件可传递消息，并不受客户端不同产品和不同开发语言等条件的限制。同 JMS 规范一样，AMQP 描述了一套模块化的组件，以及这些组件之间进行连接的标准规则，用于明确客户端与服务器交互的语义。

AMQP 规范中包含一些消息中间件领域的通用概念，如 Broker 就是用来接收和分发消息的服务器，Connection 代表生产者和消费者与 Broker 之间的 TCP 连接。如果每一次访问 Broker 都建立一个 Connection，那么在消息量大的时候建立 TCP 连接的开销将很大，效率也较低，所以 AMQP 提出了通道（Channel）概念。Channel 是在 Connection 内部建立的逻辑连接，如果应用程序支持多线程，通常每个线程创建单独的 Channel 进行通信，每个 Channel 之间完全隔离。一个 Connection 可以包含很多 Channel，在设计理念上，AMQP 建议客户端线程之间不要共用 Channel，或者至少要保证共用 Channel 的线程发送消息必须是串行的，但是建议尽量共用 Connection。作为客户端与服务器之间交互的基本单元，AMQP 中的消息在结构上也由 Header 和 Body 两部分组成，Header 是由生产者添加的持久化标志、接收队列、优先级等各种属性的集合，而 Body 是真正需要传输的领域数据。

第 5 章　构建响应式消息通信组件

AMQP 由三个主要功能模块连接成一个处理链完成消息通信功能，分别是交换器（Exchange）、消息队列（Queue）和绑定（Binding）。交换器接收应用程序发送的消息，并根据一定的规则将这些消息路由到消息队列；消息队列存储消息，直到这些消息被消费者安全处理完毕为止；而绑定定义了交换器和消息队列之间的关联，提供路由规则。

出于多租户和安全因素考虑，AMQP 还提出了虚拟主机（Virtual Host）概念。Virtual Host 类似于权限控制组，一个 Virtual Host 中可以有若干个 Exchange 和 Queue，但是权限控制的最小粒度是 Virtual Host。当多个不同的用户使用同一个 Broker 提供的服务时，可以划分出多个 Virtual Host，并在自己的 Virtual Host 创建相应的组件。整个 AMQP 规范的模型可以参考图 5-4。

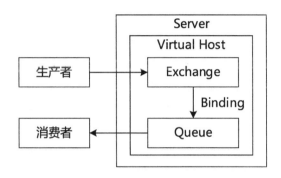

图 5-4　AMQP 模型

我们可以看到，在 AMQP 协作中并没有明确指明类似 JMS 中一对一的点对点模型和一对多的发布-订阅模型，但通过控制 Exchange 与 Queue 之间的路由规则可以很容易模拟出存储转发队列和主题订阅这些典型的消息中间件概念。在一个 Broker 中可能会存在多个 Queue，Exchange 如何知道它要把消息发送到哪个 Queue 中去呢？关键就在于通过 Binding 规则设置的路由信息。在与多个 Queue 关联之后，Exchange 中就会存在一个路由表，这个表中存储着每个 Queue 所能存储消息的限制条件。消息的 Header 中有个属性叫路由键（Routing Key），它由消息发送者产生，提供给 Exchange 路由这条消息的标准。Exchange 会检查 Routing Key，并结合路由算法来决定将消息路由到哪个 Queue 中。根据不同路由算法会有不同的 Exchange 类型，一些基础的路由算法由 AMQP 提供，我们也可以自定义各种扩展路由算法。图 5-5 就是 Exchange 与 Queue 之间的路由关系图，可以看到一条来自生产者的消息通过 Exchange 中的路由算法可以发送给一个或多个 Queue，从而分别实现点对点和发布-订阅功能。

在绑定 Exchange 与 Queue 的同时，一般会指定一个绑定键（Binding Key）。而生产者将消息发送给 Exchange 时，就会指定一个 Routing Key。当 Binding Key 与 Routing Key 相匹配时，消息将会被路由到对应的 Queue 中。在实际应用过程中，Exchange 类型及 Binding Key 一般都是事先配置的，所以通过指定 Routing Key 就可以在运行时决定消息流向。Binding Key

并不是在所有的情况下都生效，它依赖于 Exchange 类型。每一个 Exchange 类型实际上就体现为一种特定路由算法，AMQP 规范指定了 6 种 Exchange 类型，下面介绍常用的 4 种类型。

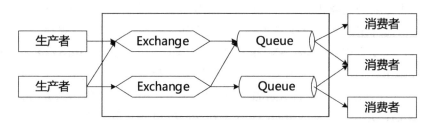

图 5-5　AMQP 路由关系图

1）直接式交换器类型。

直接式交换器类型（Direct Exchange）提供的消息路由机制比较简单，通过精确匹配消息的 Routing Key，将消息路由到零个或者多个队列中。这让我们可以构建经典的点对点队列消息传输模型，不过当消息的 Routing Key 与多个 Binding Key 相匹配时，消息可能会被发送到多个队列。如图 5-6 所示，当我们以 routingKey="key1" 发送消息到 Direct Exchange 时，消息会同时路由到 Queue1 和 Queue2，而如果以 routingKey="key2" 来发送消息，则消息只会路由到 Queue2。如果以其他 routingKey 发送消息，则消息不会路由到任意一个 Queue 中。

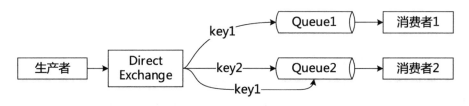

图 5-6　Direct Exchange 示意图

2）广播式交换器类型。

广播式交换器类型（Fanout Exchange）更加简单，不论消息的 Routing Key 是什么，这条消息都会被路由到所有与该交换器绑定的队列中。

3）主题式交换器类型。

在主题式交换器类型（Topic Exchange）中，通过消息的 Routing Key 和 Binding Key 之间的模式匹配，将消息路由到被绑定的队列中。这种路由器类型可以被用来支持经典的发布-订阅消息传输模型，即使用 Topic 名称作为消息寻址模式，将消息传递给那些部分或者全部匹配主题模式的多个消费者。以图 5-7 中的配置为例，routingKey="word2.word1" 的消息会同时路由到 Queue1 和 Queue2，routingKey="test.word1" 的消息会路由到 Queue1，routingKey="test.word2" 的消息会路由到 Queue2，routingKey="Word3.test" 的消息也会路由到 Queue2，而 routingKey="test.word4"、routingKey="hello.test" 等消息将会被丢弃，因为它们没有匹配任何

bindingKey。

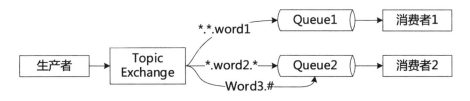

图 5-7　Topic Exchange 示意图

4）消息头式交换器类型。

消息头式交换器类型（Header Exchange）提供的路由机制基于 AMQP 消息头属性，而不依赖于 Routing Key 和 Binding Key 的匹配规则。

AMQP 规范中还定义了系统交换器类型和自定义交换类型，一般很少使用，故不展开介绍。

（2）RabbitMQ

RabbitMQ 是使用 erlang 语言开发的 AMQP 规范标准实现。ConnectionFactory、Connection、Channel 都是 RabbitMQ 对外提供的 API 中最基本的对象。遵循 AMQP 规范的建议，Channel 是应用程序与 RabbitMQ 交互过程中最重要的一个接口，我们大部分的业务操作都是在 Channel 接口中完成的，包括定义 Queue、定义 Exchange、绑定 Queue 与 Exchange、发布消息等。

Queue 是 RabbitMQ 的内部对象，RabbitMQ 的消息都只能存储在 Queue 中。生产者生产消息并最终投递到 Queue，消费者可以从 Queue 中获取消息并消费。RabbitMQ 也通过消息确认和消息持久化的方式避免出现消费者在没有处理完消息就宕机，进而导致消息丢失的情况。

多个消费者可以订阅同一个 Queue，这时 Queue 中的消息会被平均分摊给多个消费者进行处理，而不是每个消费者都收到所有的消息。如果每个消息的处理时间不同，就有可能会出现某些消费者一直在忙，而另外一些消费者很快就处理完手头的工作并一直空闲的情况。我们可以通过设置预获取数量（Prefetch Count）来限制 Queue 每次发送给每个消费者的消息数，比如，设置 Prefetch Count 为 1，则 Queue 每次给每个消费者只发送一条消息，直到消费者消费完成之后再发送下一条。

RabbitMQ 实现了 AMQP 规范 6 种 Exchange 类型中的 4 种，分别是前面介绍的 Direct、Fanout、Topic 和 Header。通过对各个 Exchange 类型的特性进行灵活地排列组合，实际开发过程中可以实现包括点对点和发布-订阅在内的各种消息消费模型。关于 RabbitMQ 的更多内容，可以参考笔者参与翻译的《深入 RabbitMQ》一书[14]。

2．Kafka

我们在本书最后一章所介绍的案例分析中也会演示基于 Kafka 的 Spring Cloud Stream 使用方式，这里简单介绍 Kafka 的基本概念和用法，确保读者能够对案例中用到的实现方法有所了解。

Kafka并没有使用某种特定的消息传递规范,而是提出了一套针对特定场景的新的设计思想和实现方案。现有消息通信系统一般无法消费大量的持久化消息,也只能提供近似实时的数据分析功能。而Kafka面向的对象是海量日志和网站活跃数据,通过轻量、精炼的基础架构能够同时处理离线和在线数据。Kafka的这种设计理念与大数据分析关系密切,目前常被用于Hadoop等大数据分析工具的前端数据收集器。

Kafka基本的设计思想包括持久化消息,消息具有有效期,并被持久化到本地文件系统;支持高流量处理,面向特定的使用场景而不是通用功能;消费状态保存在消费端而不是服务器端,从而减轻服务器的负担和交互;支持分布式,生产者/消费者透明;依赖磁盘文件系统做消息缓存,不消耗内存并提供高效的磁盘存取;强调减少数据的序列化和拷贝开销,使用批量存储、发送零拷贝(zero-copy)等实现机制。

Kafka的基本架构参考图5-8,从中可以看到Broker、Producer、Consumer、Push、Pull等消息通信系统常见概念都能在Kafka中有所体现,生产者使用Push模式将消息发布到Broker,而消费者使用Pull模式从Broker订阅消息。同时,Kafka也实现了消费者组(Consumer Group)机制,多个消费者构成组结构,消息只能传输给某个组中的某一个消费者。我们注意到在图5-8中还使用了Zookeeper,Zookeeper中存储着Kafka的元数据以及消费者消费偏移量(Offset),其作用在于实现Broker和消费者之间的负载均衡。

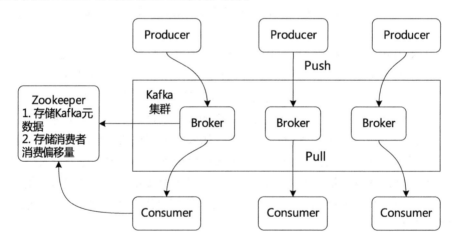

图5-8 Kafka基本架构图

Kafka认为处理海量数据的性能瓶颈在于大量的网络请求和过多的字节拷贝。解决消息数量过大的思路是把消息分组,把一组消息批量发给消费者,而字节拷贝则使用sendfile系统调用进行优化。传统的Socket发送文件拷贝需要在内核态、用户态和网卡缓存之间进行数据拷贝,而sendfile系统调用能够避免内核态与用户态上下文切换工作。

在最新版本中,Kafka提供了4种核心API(见图5-9),即Producer API、Consumer API、

Connector API 和 Streams API。

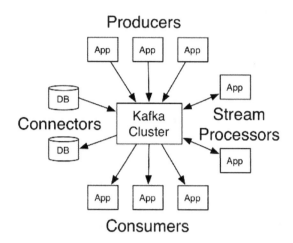

图 5-9 Kafka 中的 4 种核心 API（来自 Kafka 官网）

除了常见的 Producer API 和 Consumer API，Connector API 的目的是完成大数据从 Kafka 中的导入/导出，数据范围涵盖关系型数据库、日志和度量数据、Hadoop 和数据仓库、NoSQL 数据存储和搜索索引等，提供了负责导入数据到 Kafka 的 Source 组件和负责从 Kafka 导出数据的 Sink 组件。同时，作为一种代表性的数据源，Kafka 也提供了 Kafka Stream 这一流式处理类库，并充分利用了 Kafka 的分区机制和消费者的 Rebalance 机制，使得 Kafka Stream 可以非常方便地水平扩展，并且各个实例可以使用不同的部署方式。

5.2.3 使用 Source 组件实现消息发布者

1. 初始化消息发布环境

无论是消息发布者还是消息消费者，首先都需要引入 spring-cloud-stream 依赖，而在本节中，我们将使用 RabbitMQ 作为消息中间件系统，所以也需要引入 spring-cloud-starter-stream-rabbit 依赖，具体如下。

```
<dependency>
    <groupId>org.springframework.cloud</groupId>
    <artifactId>spring-cloud-stream</artifactId>
</dependency>

<dependency>
    <groupId>org.springframework.cloud</groupId>
    <artifactId>spring-cloud-starter-stream-rabbit</artifactId>
</dependency>
```

为了获取这两个组件背后的更多信息，我们通过查看 pom 文件发现以下组件被添加到了依赖层级关系中。

- spring-cloud-stream-binder-rabbit-core
- spring-cloud-stream
- spring-boot-starter-amqp
- spring-integration-core
- spring-integration-amqp

显然,在 5.2.1 节中提到的 Spring Integration 以及 5.2.2 节提到的 AMQP 和 RabbitMQ 都包含在这个依赖组件列表中。

2. 创建消息发布者

对消息发布者而言,它在 Spring Cloud Stream 体系中扮演着 Source 角色,所以需要在包含消息发布功能的服务类中添加@EnableBinding(Source.class)注解。以下代码创建了用来发布消息的 MessageSender 类,并展示了添加@EnableBinding 注解的方法,该注解的作用就是告诉 Spring Cloud Stream 去绑定该服务到消息中间件,实现两者之间的连接。

```
@EnableBinding(Source.class)
public class MessageSender {

}
```

@EnableBinding 注解可以使用一个或者多个接口作为参数。在上面的代码中,我们使用了 Source 接口,表示与消息中间件绑定的是一个消息发布者服务。接下来可以通过 Source 接口具体实现消息的发布。

消息发布的示例代码如下,包含了一个消息发布者需要处理的典型步骤。

```
@EnableBinding(Source.class)
public class MessageSender {

    @Resource
    private MessageChannel output;

    @Override
    public void send(Order order) {
        this.output.send(MessageBuilder.withPayload(order).build());
    }
}
```

在上述代码中可以看到,首先传入一个 Order 对象,这是一个 POJO 对象,然后通过 MessageBuilder 工具类将它转换为消息中间件所能发送的 Message 对象,最后通过 Source 接口的 output()方法发布了该消息,这里的 output()方法背后使用的就是一个具体的 Channel。

5.2.4 使用@StreamListener 注解实现消息消费者

1. 创建消息消费者

与初始化消息发布环境一样，我们需要引入 spring-cloud-stream 和 spring-cloud-starter-stream-rabbit 这两个 Maven 依赖。对消息消费者而言，@EnableBinding 注解所绑定的应该是 Sink 接口，代码如下。

```
@EnableBinding(Sink.class)
public class MessageListener {

}
```

2. 使用@StreamListener 注解消费消息

完整的 MessageListener 类代码如下，我们引入了新的注解@StreamListener，将该注解添加到某个方法中就可以使之接收由通道传入的事件。

```
@EnableBinding(Sink.class)
public class MessageListener {

    @StreamListener(Sink.INPUT)
    public void consume(Message<Order> message) {
        System.out.println(message.getPayload());
    }
}
```

在上面的例子中，@StreamListener 注解添加到了 consume()方法中，并指向了 Sink.INPUT 通道，意味着所有流经该通道的消息都会由 consume()方法进行处理。而在 consume()方法中传入的是一个 Message<Order>对象，简单调用 message.getPayload()方法获取 Order 对象并将它打印出来。

3. 使用消费者分组

在微服务架构中，每个微服务为了实现高可用和负载均衡，一般都会部署多个服务实例。显然，如果采用发布/订阅模式，就会导致同一条消息被同一服务的不同实例重复消费。为了解决这个问题，Spring Cloud Stream 中提供了消费者组的概念。一旦使用了消费组，一条消息只能被同一个组中的某一个服务实例所消费。消费者组的基本结构如图 5-10 所示。

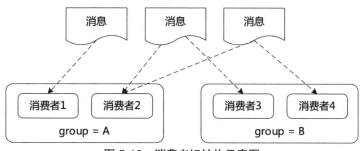

图 5-10 消费者组结构示意图

要想实现消费者组，我们只需要在配置 Binder 时指定消费者分组信息即可，具体参见下文中 Spring Cloud Stream 的配置方法。

4. 配置 Spring Cloud Stream

为了通过 MessageSender 将消息发送到正确的地址，我们需要在 application.yml 配置文件中配置 Binder 信息。相关配置项如下，可以看到这里定义了 Binder 的名称为"defaultRabbit"，同时设置了 RabbitMQ 服务器的基本连接信息。

```yaml
server:
  port: 8080

spring:
  application:
    name: stream-rabbitmq-consumer
  cloud:
    stream:
      defaultBinder: defaultRabbit
      bindings:
        input:
          destination: stream-rabbitmq-tianyalan
          contentType: application/json
          binder: defaultRabbit
          group: tianyalan-group
      rabbit:
        bindings:
          input:
            consumer:
              bindingRoutingKey: tianyalan-key.*
      binders:
        defaultRabbit:
          type: rabbit
          environment:
            spring:
              rabbitmq:
                host: 127.0.0.1
                port: 5672
                username: guest
                password: guest
                virtual-host: /
```

在以上配置项中设置了 spring.cloud.stream.bindings.output.destination=stream-rabbitmq-tianyalan 后，会在 RabbitMQ 中创建一个名为"stream-rabbitmq-tianyalan"的交换器，并把 Spring Cloud Stream 的消息输出通道绑定到该交换器。同时，我们也看到使用 spring.cloud.stream.bindings.input.group=tianyalan-group 配置设置了消费者分组信息，该配置项用于指明该服务是

消费者组"tianyalan-group"的一个消费者。这两个配置项联合起来解释就是把当前节点的通道绑定到 RabbitMQ 的"stream-rabbitmq-tianyalan"交换器，并设置为该交换器中"tianyalan-group"这一消费者组的一个消费端节点。

5.3 引入 Reactive Spring Cloud Stream 实现响应式消息通信系统

Spring Cloud Stream 还支持使用响应式编程模型，把传入和传出的消息作为连续数据流进行处理，通过 Reactive Spring Cloud Stream 组件提供对响应式 API 的支持。本节将在 Spring Cloud Stream 的基础上引入 Reactive Spring Cloud Stream 实现响应式消息通信系统，首先需要在项目中添加如下 Maven 依赖。

```
<dependency>
    <groupId>org.springframework.cloud</groupId>
    <artifactId>spring-cloud-stream-reactive</artifactId>
</dependency>
```

5.3.1 Reactive Spring Cloud Stream 组件

与 Spring Cloud Stream 一样，在 Reactive Spring Cloud Stream 中同样提供了响应式 Source 组件和 Sink 组件，它们在使用方式上与传统的 Source 组件和 Sink 组件有一定的区别，这点对响应式 Source 组件而言尤为明显。

1. 响应式 Source 组件

响应式 Spring Cloud Stream 支持通过@StreamEmitter 注解来实现响应式 Source 组件。通过@StreamEmitter 注解，我们可以把一个传统的 Source 组件转变成响应式组件。

@StreamEmitter 是一个方法级别的注解，通过该注解可以把方法转变成一个 Emitter（发射器）。我们在使用@StreamEmitter 注解时只能与@Output 注解进行组合，因为它的作用就是生产消息。

@StreamEmitter 注解的使用方法非常多，例如，可以构建如下的 SourceApplication 类。这段代码的作用是每秒发射一个"Hello World"字符串到一个 Reactor Flux 对象，而该 Flux 对象则会被发送到 Source 组件默认的"output"通道。

```
@SpringBootApplication
@EnableBinding(Source.class)
public class SourceApplication {

    @StreamEmitter
    @Output(Source.OUTPUT)
    public Flux<String> emit() {
        return Flux.interval(Duration.ofSeconds(1)).map(l -> "Hello World");
```

如下代码演示了另一种使用@StreamEmitter 注解的方式。注意到这里的 emit()方法不是直接返回一个 Flux 对象，而是使用 FluxSender 工具类发送 Flux 对象到 Source 组件。

```
@SpringBootApplication
@EnableBinding(Source.class)
public class SourceApplication {

    @StreamEmitter
    @Output(Source.OUTPUT)
    public void emit(FluxSender output) {
        output.send(Flux.interval(Duration.ofSeconds(1)).map(l -> "Hello World"));
    }
}
```

上述代码中，也可以把@Output(Source.OUTPUT)注解从方法名移到方法参数上，两者效果完全一致，代码如下。

```
@SpringBootApplication
@EnableBinding(Source.class)
public class SourceApplication {

    @StreamEmitter
    public void emit(@Output(Source.OUTPUT) FluxSender output) {
        output.send(Flux.interval(Duration.ofSeconds(1)).map(l -> "Hello World"));
    }
}
```

2．响应式 Sink 组件

有了前面的基础，我们不难理解构建响应式 Sink 的方法。同样用到 5.2.4 节中介绍的 @StreamListener 注解来实现消息的消费，示例代码如下。

```
@EnableBinding(Sink.class)
@SpringBootApplication
public class SinkApplication {

    @StreamListener
    public Flux<String> receive(@Input(Sink.INPUT) Flux<String> input) {
        return input.map(s -> s.toUpperCase());
    }
}
```

如下代码展示了另一种使用@StreamListener 注解的方法，我们直接在该注解中指定它的 target 为 Sink.INPUT，并在 loggerSink()方法中传入 Flux 对象。

```
@EnableBinding(Sink.class)
@SpringBootApplication
public class SinkApplication {
    private static Logger logger =
        LoggerFactory.getLogger(SinkApplication.class);

    @StreamListener(target = Sink.INPUT)
    public void loggerSink(Flux<String> inputs) {
        inputs.map(String::toUpperCase)
            .subscribe(input -> logger.info("Received: {}", input));
    }
}
```

3. Processor 组件

在 Spring Cloud Stream 中还存在 Processor 组件，可以把该组件理解成一种集成了 Source 和 Sink 的双向通道，Processor 接口定义如下。

```
public interface Processor extends Source, Sink {

}
```

Processor 可用于同时具备 Input 通道和 Output 通道的应用程序，使用 Processor 的示例代码如下。

```
@SpringBootApplication
@EnableBinding(Processor.class)
public class SourceApplication {

    public void receive(@Input(Processor.INPUT) Flux<String> input,
        @Output (Processor.OUTPUT) FluxSender output) {
        output.send(input.map(s -> s.toUpperCase()));
    }
}
```

上述代码中，一方面从 Processor.INPUT 通道中获取 Flux 对象。另一方面，也通过 Processor.OUTPUT 通道对外部发送消息。

5.3.2 Reactive Spring Cloud Stream 示例

本节将通过一个简单的示例来完整演示 Reactive Spring Cloud Stream 的使用方法。首先构建一个 Event 对象作为响应式 Source 组件和 Sink 组件进行交互的消息载体。Event 对象定义如下。

```
public class Event implements Serializable {
    private Long id;
```

```java
    public Event() {
    }

    public Event(Long id) {
        this.id = id;
    }

    @Override
    public String toString() {
        return "Event{" + "id=" + id + '}';
    }
}
```

可以看到，Event 类中只包含了一个 id 字段，后面的示例会通过外部程序传入该 id 字段来构建 Event 对象。注意到 Event 类中复写了 toString()方法便于打印日志。

1．构建响应式 Source 组件

（1）构建 ReactiveSourceApplication 类

作为 Bootstrap 类，ReactiveSourceApplication 类的代码如下。在该类中，核心方法 emit() 将发送 Flux 对象到 Spring Cloud Stream 中。这里使用了 2.3.1 节中介绍的 Flux.interval(ofMillis(1000))静态方法来创建 Flux，该方法每隔一秒钟会通过 map()方法构建一个新的 Event 对象。

```java
@SpringBootApplication
@EnableBinding(Source.class)
public class ReactiveSourceApplication {

    public static void main(String[] args) {
        SpringApplication.run(SourceApplication.class, args);
    }

    @StreamEmitter
    @Output(Source.OUTPUT)
    public Flux<Event> emit() {
        return Flux
                .interval(ofMillis(1000))
                .map(Event::new);
    }
}
```

在上述代码中，使用了上一节中介绍的@StreamEmitter 注解向@Output 注解中指定的通道发送消息。

（2）配置响应式 Source 组件

响应式 Source 组件的配置项如下，我们指定了消费者分组和交换器分别为"test-event-group"和"test-event-destination"。

```
spring:
  cloud:
    stream:
      bindings:
        default:
          content-type: application/json
          binder: rabbitmq
        output:
          group: test-event-group
          destination: test-event-destination
          producer:
            partitionKeyExpression: payload.id % 2
            partitionCount: 2
      binders:
        rabbitmq:
          type: rabbit
          environment:
            spring:
              rabbitmq:
                host: 127.0.0.1
                port: 5672
                username: guest
                password: guest
                virtual-host: /
```

同时，我们还看到这里有两个新的配置项"partitionKeyExpression"和"partitionCount"，这两个配置项与消息分区（Partition）有关。假如我们想让相同的消息都被同一个微服务实例来处理，但又有多个服务实例组成了负载均衡环境，通过前面介绍的消费组概念仍然不能满足要求。针对这一场景，Spring Cloud Stream 引入了消息分区的概念。当生产者将消息数据发送给多个消费者实例时，消息分区确保消息始终是由同一个消费者实例接收和处理的。尽管消息分区的应用场景并没有那么广泛，但如果想要达到类似的效果，Spring Cloud Stream 也提供了一种简单的实现方案，消息分区的基本结构如图 5-11 所示。

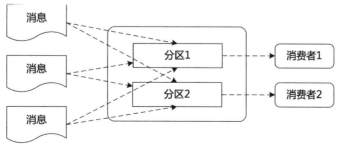

图 5-11 消息分区结构示意图

在上面的配置信息中,我们指定了"partitionKeyExpression"为"payload.id%2",意味着 Spring Cloud Stream 会根据消息体 Event 的 id 对 2 进行取模操作,如果取模值为 1,表示只有分区 Id 为 1 的消费端能接收到该信息,如果取模值为 0,表示只有分区 Id 为 0 的消费端能接收到该信息。显然,通过这样的分区策略分区的数量"partitionCount"应该为 2。

2. 构建响应式 Sink 组件

(1)构建 ReactiveSinkApplication 类

同样作为 Bootstrap 类,ReactiveSinkApplication 类的代码如下。在该类中,我们使用 @StreamListener 注解从 Sink.INPUT 通道中获取消息,然后通过 Logger 把消息打印成日志信息。

```java
@EnableBinding(Sink.class)
@SpringBootApplication
public class ReactiveSinkApplication{
    private static Logger logger =
        LoggerFactory.getLogger(SinkApplication. class);

    @StreamListener(target = Sink.INPUT)
    public void loggerSink(Flux<Event> events) {
        events.map(Object::toString)
            .subscribe(event -> logger.info("Event: {}", event));
    }
}
```

(2)配置 Sink 组件

Sink 组件的配置项如下,这里同样指定消费者分组和交换器名分别为"test-event-group"和"test-event-destination",它们需要跟 Source 组件的配置项保持一致。

```yaml
spring:
  cloud:
    stream:
      bindings:
        default:
          content-type: application/json
          binder: rabbitmq
        input:
          group: test-event-group
          destination: test-event-destination
          consumer:
            partitioned: true
            instanceIndex: 1
            instanceCount: 2
      binders:
        rabbitmq:
          type: rabbit
          environment:
```

```yaml
spring:
  rabbitmq:
    host: 127.0.0.1
    port: 5672
    username: guest
    password: guest
    virtual-host: /
```

上述配置中同样包含了分区信息，其中，partitioned=true，表示启用消息分区功能，instanceCount=2，表示消息分区的消费者节点数量为 2 个，而 instanceIndex 参数设置当前消费者实例的索引号。索引号从 0 开始，这里设置该节点的索引号为 1。显然，我们可以在另外一个消费者实例中将 instanceIndex 设置为 0。

3. 运行示例和效果

本节将使用上面介绍的 Source 组件以及两个独立的 Sink 组件来构建一个完整的示例，并给出运行时应用系统的控制台和 RabbitMQ 控制台的输出效果。两个独立的 Sink 组件就按照上一节给出的分区策略进行消息的处理。我们把一个 Sink 组件的 instanceIndex 配置项设置为 0，另一个设置为 1。

（1）应用程序控制台信息

运行 Source 组件，我们可以看到在控制台中会出现如下信息，表示该 Source 组件已经连接到 RabbitMQ。

```
Created new connection: rabbitConnectionFactory.publisher#524d87ca:0/SimpleConnection@32e391ef [delegate=amqp://guest@127.0.0.1:5672/, localPort= 51238]
```

然后运行其中一个 Sink 组件，可以看到如下控制台信息。

```
[event-group-1-9] com.tianyalan.sink.SinkApplication1 : Event: Event{id=1}
[event-group-1-9] com.tianyalan.sink.SinkApplication1 : Event: Event{id=3}
[event-group-1-9] com.tianyalan.sink.SinkApplication1 : Event: Event{id=5}
...
```

再运行另一个 Sink 组件，可以看到如下控制台信息。

```
[event-group-0-7] com.tianyalan.sink.SinkApplication2 : Event: Event{id=2}
[event-group-0-7] com.tianyalan.sink.SinkApplication2 : Event: Event{id=4}
[event-group-0-7] com.tianyalan.sink.SinkApplication2 : Event: Event{id=6}
...
```

注意到在两个 Sink 组件的输出中，Event 对象的 Id 成单双数交替出现，符合上一节所定义的分区策略。

（2）RabbitMQ 控制台信息

应用程序的运行结果同样可以在 RabbitMQ 控制台中得到展现。首先在整个总览中看到了消息的发布和确认等信息，如图 5-12 所示。

图 5-12　RabbitMQ 控制台总览图

然后单击图 5-12 中的 "Connections" 选项卡，可以得到如图 5-13 所示的连接信息。显然，现在一共有一个 Source 组件和两个 Sink 组件连接到了 RabbitMQ。

Overview Name	User name	State	Details SSL / TLS	Protocol	Channels	Network From client	To client
127.0.0.1:51204 rabbitConnectionFactory#548e6d58:8	guest	running	○	AMQP 0-9-1	1	13B/s	124B/s
127.0.0.1:51203 rabbitConnectionFactory#548e6d58:6	guest	running	○	AMQP 0-9-1	1	8B/s	83B/s
127.0.0.1:51238 rabbitConnectionFactory.publisher#524d87ca:0	guest	running	○	AMQP 0-9-1	1	169B/s	0B/s

图 5-13　RabbitMQ 连接列表图

在 "Channels" 选项卡中，我们看到了如图 5-14 中展示的目前连接到 RabbitMQ 的三个通道，分别代表正在运行的三个组件。

Overview Channel	User name	State	Details Prefetch	Message rates publish	confirm	deliver / get	ack
127.0.0.1:51204 (1)	guest	running	1			0.40/s	0.40/s
127.0.0.1:51203 (1)	guest	running	1			0.60/s	0.60/s
127.0.0.1:51238 (1)	guest	running		1.0/s	0.00/s		

图 5-14　RabbitMQ 通道列表图

我们同样可以在"Exchanges"选项卡中找到"test-event-destination"交换机的定义。同时在"Queues"选项卡中分别找到"test-event-destination.test-event-group-0"和"test-event-destination.test-event-group-1"两个队列定义，代表消费者组的配置已经生效，如图 5-15 所示。

Overview			Messages			Message rates		
Name	Features	State	Ready	Unacked	Total	incoming	deliver / get	ack
test-event-destination.test-event-group-0	D	running	0	0	0	0.40/s	0.40/s	0.40/s
test-event-destination.test-event-group-1	D	running	0	0	0	0.60/s	0.60/s	0.60/s

图 5-15 RabbitMQ 队列列表图

5.4 本章小结

本章内容围绕构建响应式微服务架构的另一个重要主题展开讨论，即响应式消息通信，我们使用 Reactive Spring Cloud Stream 框架来实现响应式消息通信组件。

本章先从事件驱动架构与模型出发，引出了 Spring Cloud 家族中实现消息通信的 Spring Cloud Stream 框架。在引入 Spring Cloud Stream 时先从基本架构出发探讨该框架背后的实现原理。通过剖析 Spring Cloud Stream 的背后机制，我们发现它实际上是在企业集成服务框架 Spring Integration，以及 RabbitMQ、Kakfa 等多种主流消息中间件的基础上进行了抽象，并搭建了一个包括 Source、Sink 和 Binder 这三个核心组件的整合层。

在行文思路上，本章内容先使用 Spring Cloud Stream 实现传统的消息发布者和消费者。然后，导入 Reactive Spring Cloud Stream 这一全新响应式组件升级了 Source 和 Sink 组件，并给出了详细的案例分析。

第 6 章

构建响应式微服务架构

Spring Cloud 是一系列分布式组件的有序集合。它利用 Spring Boot 的开发便利性巧妙地简化了分布式系统基础设施的开发过程,如服务注册发现、配置中心、消息总线、负载均衡、熔断器、数据监控等都可以使用 Spring Boot 的开发风格做到一键启动和部署。

在对 Spring Cloud 框架进行设计和实现的过程中,Spring 并没有重复制造轮子。它将目前各家公司开发的比较成熟且经得起实际考验的服务框架组合起来,通过基于 Spring Boot 的开发风格进行再封装,从而屏蔽了复杂的配置和实现过程。最终给开发者提供了一套易开发、易部署和易维护的微服务系统开发工具包。

对于那些没有精力或者没有足够资金投入去开发自己的分布式系统基础设施的团队而言,使用 Spring Cloud 一站式解决方案能在应对业务发展的同时大大减少开发成本。在本书中,我们将选择 Spring Cloud 作为创建响应式微服务架构的主体框架,并详细阐述 Spring Cloud 中的核心组件以及对应的使用方法。

6.1 使用 Spring Cloud 创建响应式微服务架构

Spring Cloud 标准化的、全站式的技术方案构成了一个生态圈,涵盖众多微服务架构实现所需的核心组件,本书无意对所有的组件进行展开叙述。本节介绍 Spring Cloud 的基本思路将围绕构建一个微服务架构所需的核心功能展开讨论,并对相关组件的实现方法和基本原理进行分析,涉及 Spring Cloud Netflix、Spring Cloud Gateway、Spring Cloud Config、Spring Cloud Sleuth 等组件,其中 Spring Cloud Netflix 又提供了对 Netflix 旗下的 Eureka、Hystrix 等组件的封装。

6.1.1 服务治理

服务治理（Service Governance）是微服务架构区别于一般 RPC 框架的关键要素。在微服务架构中，各个服务需要通过服务治理实现自动化的注册和发现。本节将介绍 Spring Cloud 中的服务治理组件 Spring Cloud Netflix Eureka，我们需要确保所有的服务定义都存放在 Eureka 服务器中。而当能够从 Eureka 服务器获取某一个服务的各个运行实例信息时，原则上就可以执行负载均衡策略，Spring Cloud 中也存在专门的组件用来实现负载均衡。服务治理和负载均衡之间通常是紧密联系在一起的，下面先介绍服务治理，关于负载均衡的讨论将放在下一节中。

1. 服务注册中心

为了实现微服务架构中的服务注册和发现，我们通常都需要构建一个独立的媒介来管理服务的实例。在服务数量较小的情况下，基于数据库和配置中心的管理方式也是可以选择的做法。但一旦服务数量越来越多，我们就需要构建比数据库和配置中心更强大的媒介来存放这些服务，这个媒介一般被称为服务注册中心（Service Registration Center）。当具备服务注册中心之后，服务治理涉及的角色就包括注册中心、服务提供者和服务消费者三种。

在服务运行时，服务提供者的注册中心客户端程序会向注册中心注册自身提供的服务，而服务消费者的注册中心客户端程序则从注册中心获取当前订阅的服务信息状态。注册中心的基本模型参考图 6-1。

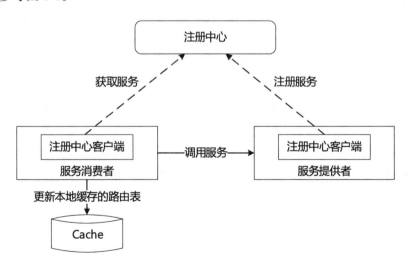

图 6-1 注册中心基本模型

同时，为了提高服务路由的效率和容错性，服务消费者可以配备缓存机制以加速服务路由。更重要的是，当服务注册中心不可用时，服务消费者可以利用本地缓存路由实现对现有服务的可靠调用。图 6-1 也展示了这一设计思路。

业界关于服务注册中心的实现方案有很多，常见的包括 Zookeeper、Etcd、Consul、SmartStack 和 Serf 等。这些工具通常基于 Paxos、Raft、Gossip[15]等数据一致性协议进行构建。限于篇幅，本书不对这些工具做具体介绍。我们想要重点介绍的是 Spring Cloud 中的 Eureka 组件，该组件来自 Netflix，采用了自身的一套实现机制。

2. 构建 Eureka 服务器

构建 Eureka 服务器的最简单方法是使用 Spring Initializer 来初始化 Spring Boot 应用程序，见图 6-2。

图 6-2 使用 Spring Initializer 初始化 Eureka 服务器应用

Spring Initializer 会创建一个名为 eureka-server 的 Maven 工程，并自动引入了 spring-cloud-starter-netflix-eureka-server 依赖，该依赖是 Spring Cloud 中实现 Eureka 功能的主体 JAR 包。eureka-server 工程 pom 文件中的关于 Eureka 服务器的依赖如下。

```
<dependency>
    <groupId>org.springframework.cloud</groupId>
    <artifactId>spring-cloud-starter-netflix-eureka-server</artifactId>
</dependency>
```

引入 Maven 依赖之后就可以创建运行 Eureka 服务器的 Bootstrap 类，在示例代码中，我们把该 Bootstrap 类命名为 EurekaServerApplication，具体如下。

```
@SpringBootApplication
@EnableEurekaServer
public class EurekaServerApplication {
    public static void main(String[] args) {

        SpringApplication.run(EurekaServerApplication.class, args);
    }
}
```

从结构上讲，EurekaServerApplication 就是一个普通的 Bootstrap 类，但有一个注解值得注意,即@EnableEurekaServer 注解。在 Spring Cloud 中,包含@EnableEurekaServer 注解的服务意味着,它是一个 Eureka 服务器组件。

在本地环境运行 EurekaServerApplication 类并访问 http://localhost:8761/,将得到图 6-3 所示的 Eureka 服务监控页面,意味着 Eureka 服务器已经启动成功。

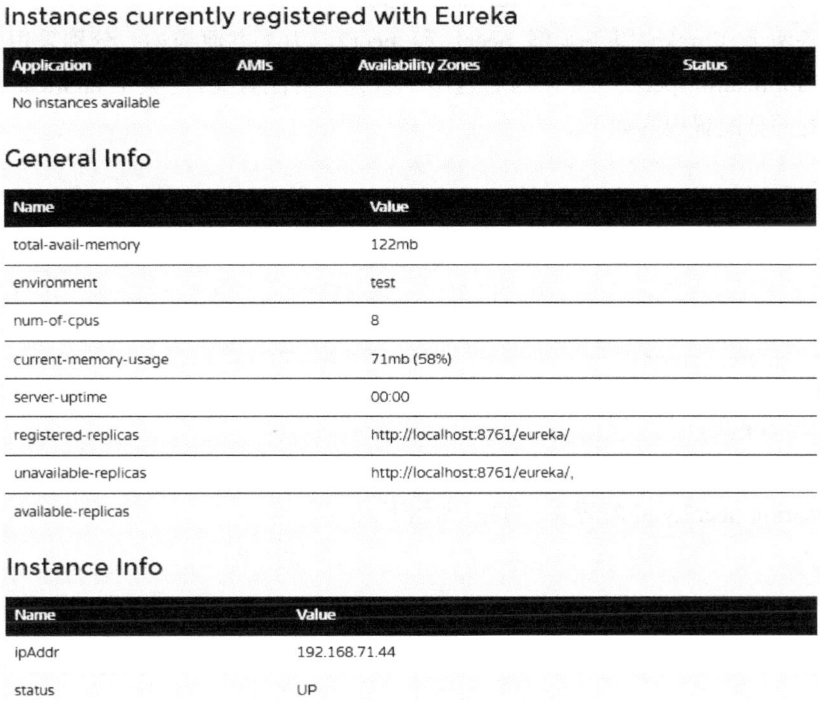

图 6-3　Eureka 服务监控页面

可以通过使用配置项来管理 Eureka 服务器的行为,常见的配置项示例如下。

```
server:
  port: 8761

eureka:
  client:
    registerWithEureka: false
    fetchRegistry: false
```

我们可以看到,除了通用的服务端口设置,还存在两个以 eureka.client 开头的客户端配置项,分别是 registerWithEureka 和 fetchRegistry。其中 registerWithEureka 用于指定该客户端实例是否在 Eureka 服务器中注册了自己的信息以供其他服务发现,而 fetchRegistry 则指定该客户端是否获取 Eureka 服务器中的注册信息。这两个配置项默认都是 true,但这里人为地将其设置为 false。因为在微服务体系中，包括 Eureka 服务在内的所有服务对注册中心来说都可以认为是客户端，而 Eureka 服务显然不同于业务服务，我们不希望 Eureka 服务对自身进行注册。

从另一个角度看，基于 Eureka 的服务注册还为实现高可用的 Eureka 集群提供了一种机制。如果我们把 Eureka 自身也看成是一种服务，就可以通过 Eureka 服务互相注册的方式来实现高可用的部署，这种方式被称为 Peer Awareness 模式。

现在准备两个 Eureka 服务实例 peer1 和 peer2。为了方便描述，分别采用 application-peer1.yml 和 application-peer2.yml 来命名这两个服务中的配置文件。其中 application-peer1.yml 配置文件中的部分配置内容如下。

```yaml
server:
  port: 8761

eureka:
  instance:
    hostname: peer1
  client:
    serviceUrl:
      defaultZone: http://peer2:8762/eureka/
```

而 application-peer2.yml 配置文件的内容如下。

```yaml
server:
  port: 8762

eureka:
  instance:
    hostname: peer2
  client:
    serviceUrl:
      defaultZone: http://peer1:8761/eureka/
```

可以看到，application-peer1.yml 和 application-peer2.yml 中的配置项非常相似，从内容上看也只是调整了端口和地址的引用。这里引入了一个新的配置项 eureka.client.serviceUrl.defaultZone 用于指向集群中的其他 Eureka 服务器。所以，Eureka 集群的构建方式实际上就是将自己作为服务并向其他注册中心注册自己，这样就形成了一组互相注册和发现的服务注册中心以实现服务列表的同步。显然，这个场景下 registerWithEureka 和 fetchRegistry 配置项都应该使用其默认的 true 值。

图 6-4 展示了 peer1 中的 Eureka 集群信息，peer2 中的 Eureka 集群信息也类似。在图 6-4 中，可以看到有两个 eureka-server 实例，并且在 registered-replicas 和 available-replicas 中都能看到可用的副本信息。

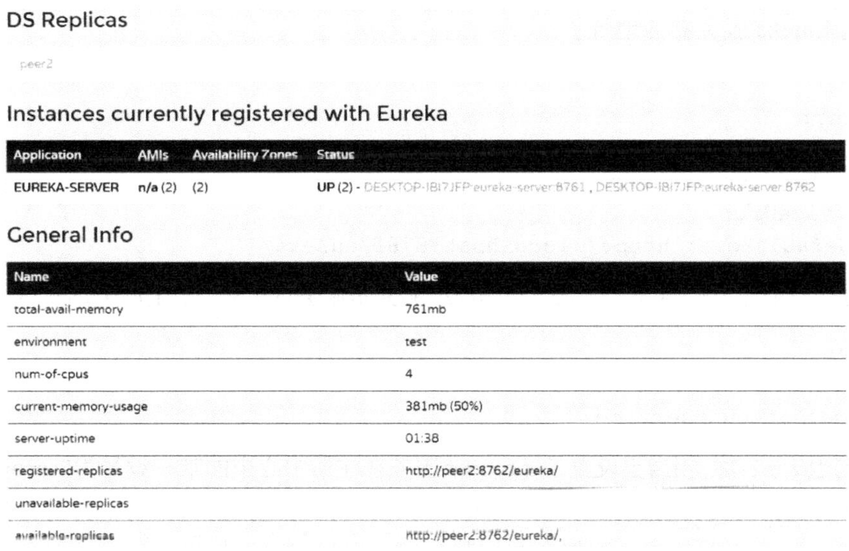

DS Replicas
peer2

Instances currently registered with Eureka

Application	AMIs	Availability Zones	Status
EUREKA-SERVER	n/a (2)	(2)	UP (2) - DESKTOP-IBI7JFP:eureka-server:8761 , DESKTOP-IBI7JFP:eureka-server:8762

General Info

Name	Value
total-avail-memory	761mb
environment	test
num-of-cpus	4
current-memory-usage	381mb (50%)
server-uptime	01:38
registered-replicas	http://peer2:8762/eureka/
unavailable-replicas	
available-replicas	http://peer2:8762/eureka/

图 6-4　peer1 中的 Eureka 集群信息

3．使用 Eureka 实现服务注册

使用 Eureka 注册一个基于 Spring Boot 的服务非常简单，主要工作也是通过配置来完成的。在介绍配置内容之前，首先需要确保在 Maven 工程中添加对 spring-cloud-starter-netflix-eureka-client 的依赖，代码如下。

```xml
<dependency>
    <groupId>org.springframework.cloud</groupId>
    <artifactId>spring-cloud-starter-netflix-eureka-client</artifactId>
</dependency>
```

然后，创建一个名为 Account 服务的微服务，它的 Bootstrap 类 AccountApplication 如下。

```java
@SpringBootApplication
@EnableEurekaClient
public class AccountApplication {
    public static void main(String[] args) {

        SpringApplication.run(ProductApplication.class, args);
    }
}
```

在 AccountApplication 类中有一个新的注解，即@EnableEurekaClient 注解。该注解用于表明在服务中启动 Eureka 客户端，这样该服务就可以自动注册到 Eureka 服务器。

我们再来介绍如何通过配置项使得新建的 Account 服务与 Eureka 服务器产生关联。Account 服务中与 Eureka 相关的配置项内容如下。我们看到了 eureka.client 段中 registerWithEureka、fetchRegistry 和 serviceUrl 这三个已经介绍过的配置项，其中 serviceUrl.defaultZone

指定的就是 Eureka 服务器的地址。

```
eureka:
  client:
    registerWithEureka: true
    fetchRegistry: true
    serviceUrl:
      defaultZone: http://localhost:8761/eureka/
```

我们还有一个配置项与注册中心直接相关，那就是服务的名称，指定服务名称的方式如下。

```
spring:
  application:
    name: accountservice
```

通过指定服务名称，相当于设置了 Account 服务在注册中心中的唯一编号为"accountservice"。接下来就可以通过"accountservice"这一名称获取 Account 服务在 Eureka 中的各种注册信息。

当启动 Account 服务时，我们会在控制台日志中看到以下信息，表示该服务已经成功注册到 Eureka。

```
INFO [accountservice,,,] 25176 --- [main] o.s.c.n.e.s.EurekaServiceRegistry: Registering application accountservice with eureka with status UP
```

4．获取服务注册信息

为了获取注册到 Eureka 服务器上具体某一个服务实例的详细信息，我们可以访问如下地址：http://<eureka service>:8761/eureka/apps/<servicename>，该地址代表的就是一个普通的 HTTP GET 请求。以 Account 服务为例，发送 HTTP 请求到 http://localhost:8761/eureka/apps/accountservice，就可以获取该服务的服务名称、IP 地址、端口是否可用等基本信息，也可以访问 statusPageUrl、healthCheckUrl 等地址查看当前服务的运行状态。更重要的是，得到了 leaseInfo、actionType 等与服务注册过程直接相关的基础数据，这些基础数据有助于我们理解 Eureka 作为注册中心的工作原理。关于 Eureka 的基本架构和原理，可参考笔者所著的《微服务架构实战》[11]一书。

6.1.2 负载均衡

所谓负载均衡（Load Balance），简单地讲，就是将请求分摊到多个操作单元上执行，根据分发策略的不同将产生不同的分发结果。负载均衡在实现上可以使用硬件、软件或者两者兼有，通常指的都是基于软件的负载均衡机制。软件负载均衡根据服务器地址列表所存放的位置可以分成两大类型，一类是服务器端负载均衡，另一类是客户端负载均衡。

服务器端负载均衡实现工具常见的包括 Apache、Nginx、HAProxy 等，它们都实现了基于 HTTP 协议或 TCP 协议的负载均衡模块。而所谓的客户端负载均衡，简单地说就是在客户端应用程序内部设定一个调度算法，在向服务器发起请求时，通过负载均衡算法计算目标服务器地址实现负载均衡。常见的负载均衡算法包括随机（Random）和轮询调度（Round Robin）等静态负载均衡算法，也包括最少连接数（Least Connection）、服务调用时延（Service Invoke Delay）、源 IP 哈希（Source IP Hash）等动态负载均衡算法。

与服务器端负载均衡相比，客户端负载均衡不需要架设专门的服务器端代理。如果客户端应用程序能够获取服务列表，并具备成熟的调度算法，就可以对外提供相关的 API，从而成为一种独立的工具和框架。在微服务架构中，客户端负载均衡是常见的负载均衡实现方案，包括 Spring Cloud、Alibaba Dubbo 在内的很多框架采用的都是客户端负载均衡机制。

1. 使用 DiscoveryClient 查找服务

讨论完负载均衡的基本概念之后，我们回到注册中心。在现实应用中，很多时候我们希望通过代码在运行时能够实时获取注册中心中的服务列表，并通过服务定义动态发起服务调用（见图 6-5）。

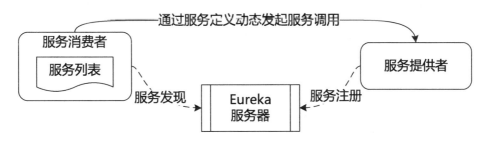

图 6-5 通过服务注册信息进行服务调用示意图

图 6-5 所示的通过服务注册信息进行服务调用的过程体现了客户端负载均衡的基本实现策略。为了实现图 6-5 中的效果，我们可以引入 Eureka 提供的 DiscoveryClient 工具类。以下代码展示了 DiscoveryClient 类的一些基本用法，该示例可用于获取当前注册到 Eureka 中的所有服务实例并返回它们的 URL 信息。

```
@Autowired
private DiscoveryClient discoveryClient;

public List<String> getEurekaServices(){
    List<String> services = new ArrayList<String>();

    discoveryClient.getServices().forEach(serviceName -> {
        discoveryClient.getInstances(serviceName).forEach(instance -> {
            services.add(String.format("%s:%s",
                serviceName, instance.getUri()));
        });
    });

    return services;
}
```

如果我们能够获取注册中心中的服务定义，就可以通过上述代码中的 ServiceInstance 获取每个服务的访问地址，然后集成特定的负载均衡算法，从而实现具体服务的访问。

2. 使用@LoadBalanced 注解实现负载均衡

Spring WebFlux 使用全新的、支持响应式流的 WebClient 工具类实现了跨服务之间的响应式调用。本节接下来讨论的内容主要关注如何实现调用过程中的客户端负载均衡。关于 WebClient 的具体使用方法，请参考 6.2 节的内容。

本节使用 Account 服务作为服务的提供者，我们将创建 AccountController 类作为响应 HTTP 请求的端点。因为涉及负载均衡，所以需要创建两个 Account 服务实例。另一方面，为了展示负载均衡环境下的调用结果，我们在 AccountController 中添加日志便于在运行时观察控制台输出信息。AccountController 中根据 Id 获取 Account 信息的代码如下。

```
@GetMapping("/{id}")
public Mono<Account> findAccountById(@PathVariable("id") String accountId)
{
    LOGGER.info("findAccountById: {} from port: {}", accountId, request.uri());

    return repository.findById(accountId);
}
```

现在分别用 8081 和 8082 这两个 Account 服务实例的端口并启动这两个服务实例，确保这两个服务实例都成功注册到 Eureka 中。

然后创建 Account 服务的消费者 User 服务，User 服务将依赖 Account 服务完成用户账户方面的处理逻辑。创建 User 服务中的 Bootstrap 类 UserApplication 的代码如下。

```
@SpringBootApplication
@EnableDiscoveryClient
public class UserApplication {

    public static void main(String[] args) {
        SpringApplication.run(UserApplication.class, args);
    }

    @Bean
    @LoadBalanced
    public WebClient.Builder loadBalancedWebClientBuilder() {
        return WebClient.builder();
    }
}
```

User 服务同样使用@EnableDiscoveryClient 注解将自身注册到 Eureka 中，同时这里还使用@LoadBalanced 注解对 WebClient 工具类的生成器（Builder）做了声明。@LoadBalanced 注解用来给 WebClient 添加一种修饰，以便通过拦截的方式将代码执行流程导向负载均衡客户端类。

对于 User 服务而言，准备工作已经就绪，现在就可以编写访问 Account 服务的业务代码，示例代码如下。请注意 "http://accountservice/{id}" 中的 "accountservice" 是在 Account 服务中配置的服务名称。

```
@Autowired
private WebClient.Builder webClientBuilder;

public Mono<Account> getAccount(@PathVariable("id") String id) {
    Mono<Account> account = webClientBuilder.build().get()
        .uri("http://accountservice/{id}", id)
        .retrieve().bodyToMono(Account.class);

    return account;
}
```

以上代码中，首先注入 WebClient.Builder，然后通过 WebClient.Builder 构建 WebClient 实例，并使用 get()方法对 Account 服务进行远程调用。请注意，这里的 WebClient 已经具备了客户端负载均衡功能，因为我们在 UserApplication 类中创建该 WebClient.Builder 时添加了 @LoadBalanced 注解。

为了验证客户端负载均衡功能是否已经生效，我们可以构建一个 UserController 作为 HTTP 请求测试的入口。在 UserController 中，我们将嵌入上述对 Account 服务进行远程访问的方法，完整版 UserController 类的代码如下。

```
@RestController
@RequestMapping("/account")
public class AccountController {

    private static final Logger logger =
        LoggerFactory.getLogger(ProductController.class);

    @Autowired
    private HttpServletRequest request;

    @Autowired
    private WebClient.Builder webClientBuilder;

    @GetMapping("/{id}")
    public Mono<Account> getAccount(@PathVariable("id") String id) {
        logger.info("Get account from port: {}", request.getServerPort());

        Mono<Account> account = webClientBuilder.build().get()
            .uri("http://accountservice/{id}", id)
            .retrieve().bodyToMono(Account.class);
```

```
            return account;
        }
    }
```

如果多次发送该请求，我们通过日志会发现两个 Account 服务实例在交替响应请求，意味着客户端负载均衡已经发挥了效果。

3. @LoadBalanced 注解详解

下面主要回答一个问题，即为什么通过@LoadBalance 注解修饰的 WebClient.Builder 创建出来的 WebClient 能自动具备客户端负载均衡的能力？

通过查阅源代码发现，WebClient.Builder 实际上是一个接口，内置了一批构建 Builder 和 WebClient 的方法定义。DefaultWebClientBuilder 就是该接口的默认实现，截取该类的部分核心代码如下：

```
class DefaultWebClientBuilder implements WebClient.Builder {

    @Override
    public WebClient.Builder filter(ExchangeFilterFunction filter) {
        Assert.notNull(filter, "ExchangeFilterFunction must not be null");
        initFilters().add(filter);
        return this;
    }
    
    …
    
    @Override
    public WebClient build() {
        ExchangeFunction exchange = initExchangeFunction();
        ExchangeFunction filteredExchange = (this.filters != null ?
          this.filters.stream()
              .reduce(ExchangeFilterFunction::andThen)
              .map(filter -> filter.apply(exchange))
              .orElse(exchange)
          : exchange);
          
        return new DefaultWebClient(filteredExchange, initUriBuilderFactory(),
            unmodifiableCopy(this.defaultHeaders),
            unmodifiableCopy(this.defaultCookies),
            new DefaultWebClientBuilder(this));
    }
    
    …
}
```

可以看到，build()方法的目的是构建出一个 DefaultWebClient，而 DefaultWebClient 的构

造函数中依赖于 ExchangeFunction 接口。我们来看一下 ExchangeFunction 接口的定义,其中的 filter() 方法传入并执行 ExchangeFilterFunction,代码如下。

```java
public interface ExchangeFunction {
…

    default ExchangeFunction filter(ExchangeFilterFunction filter) {
        Assert.notNull(filter, "'filter' must not be null");
        return filter.apply(this);
    }
}
```

当我们看到 Filter(过滤器)这个单词时,思路上就可以触类旁通了。在 Web 应用程序中,Filter 体现的就是一种拦截器作用,而多个 Filter 组合起来就构成一种过滤器链。ExchangeFilterFunction 也是一个接口,其部分核心代码如下。

```java
public interface ExchangeFilterFunction {

    Mono<ClientResponse> filter(ClientRequest request, ExchangeFunction next);

    default ExchangeFilterFunction andThen(ExchangeFilterFunction after) {
        Assert.notNull(after, "'after' must not be null");
        return (request, next) -> {
            ExchangeFunction nextExchange =
                exchangeRequest -> after.filter (exchangeRequest, next);
            return filter(request, nextExchange);
        };
    }

    default ExchangeFunction apply(ExchangeFunction exchange) {
        Assert.notNull(exchange, "'exchange' must not be null");
        return request -> this.filter(request, exchange);
    }

    …
}
```

显然,ExchangeFilterFunction 通过 andThen() 方法将自身添加到过滤器链并实现 filter() 这个函数式方法。

回到负载均衡这个话题,我们要做的就是提供一个具备负载均衡功能的 ExchangeFilterFunction 接口的实现类。在 org.springframework.cloud.client.loadbalancer.reactive 包中就提供了这样一个实现类,即 LoadBalancerExchangeFilterFunction 类,代码如下。

```java
public class LoadBalancerExchangeFilterFunction implements
    ExchangeFilterFunction {
```

```java
    private final LoadBalancerClient loadBalancerClient;

    public LoadBalancerExchangeFilterFunction(LoadBalancerClient
        loadBalancer Client) {
        this.loadBalancerClient = loadBalancerClient;
    }

    @Override
    public Mono<ClientResponse> filter(ClientRequest request,
        ExchangeFunction next) {
        URI originalUrl = request.url();
        String serviceId = originalUrl.getHost();
        Assert.state(serviceId != null,
            "Request URI does not contain a valid hostname: " + originalUrl);

        ServiceInstance instance = this.loadBalancerClient.choose(serviceId);
        URI uri = this.loadBalancerClient.reconstructURI(instance, originalUrl);
        ClientRequest newRequest = ClientRequest.method(request.method(), uri)
            .headers(headers -> headers.addAll(request.headers()))
            .cookies(cookies -> cookies.addAll(request.cookies()))
            .attributes(attributes -> attributes.putAll(request.attributes()))
            .body(request.body())
            .build();
        return next.exchange(newRequest);
    }
}
```

可以看到，LoadBalancerExchangeFilterFunction 类实现了 ExchangeFilterFunction 接口。在 LoadBalancerExchangeFilterFunction 类的 filter() 方法中，对原始的 ClientRequest 进行了包装，使用 LoadBalancerClient 类根据服务 ID 进行服务发现并选取可用的服务地址。然后完成对原来服务 URI 的替换，构造成新的请求传递到下一个过滤器。

LoadBalancerClient 是实现负载均衡的核心接口，包含三个核心方法，定义如下。

```java
public interface LoadBalancerClient extends ServiceInstanceChooser {

    <T> T execute(String serviceId, LoadBalancerRequest<T> request)
        throws IOException;

    <T> T execute(String serviceId, ServiceInstance serviceInstance,
        LoadBalancer Request<T> request) throws IOException;

    URI reconstructURI(ServiceInstance instance, URI original);
}
```

其中，reconstructURI() 方法用来为服务构建一个 host:port 形式的合适的 URI，使用负载均衡所选择的 ServiceInstance 信息重新构造访问 URI，也就是用服务实例的 host 和 port，再加上服务的端点路径来构造一个真正可供访问的服务。而两个execute()方法负责执行服务调用，使用从负载均衡器中挑选出的服务实例来执行请求内容。

LoadBalancerClient 接口的实现类是 RibbonLoadBalancerClient 类，该类负责对请求进行最终的负载均衡处理。

总体而言，WebClient 在负载均衡设计上比较简单和清晰，直接使用了 Filter 模式，通过 LoadBalancerClient 获取服务地址，替换对应的 URI 并传递给下一个过滤器，从而实现对请求链路的拦截。

6.1.3 服务容错

微服务架构为我们带来了很多技术和组织上的优势，但也不可避免地带来了很多挑战。在微服务架构中，出现服务访问失败的原因和场景非常复杂，这就需要我们从服务可靠性的角度出发对服务自身以及服务与服务之间的交互过程进行设计。实现服务可靠性的方法和手段有很多，下面从容错（Fault Tolerance）思想入手，分析 Spring Cloud 框架中确保服务可靠性的各种技术和方法。

1. 服务容错概述

服务可靠性问题同时涉及服务的提供者和消费者，容错的概念一般针对的是服务消费者，即服务消费者容错。因为对服务提供者而言，要做的事情比较简单，如果一旦自身服务发生错误，那么应该快速返回合理的处理结果，也就是要做到快速失败（Fail Fast）。而对于服务消费者而言，服务之间存在依赖，一个服务的失败会导致服务依赖失败。服务依赖失败是我们在设计微服务架构中需要重点考虑的服务可靠性因素，因为服务依赖失败会造成失败扩散，从而形成服务访问的雪崩效应。关于雪崩效应，我们已经在 1.3.1 节中有详细介绍。

服务消费者容错机制通常包括服务隔离（Isolation）、服务熔断（Circuit Breaker）和服务回退（Fallback）三种。

（1）服务隔离

服务隔离包括一些常见的隔离思路以及特定的隔离实现技术框架。所谓隔离，本质上就是对系统或资源进行分割，从而实现当系统发生故障时能够限定传播范围和影响范围，即发生故障后只有出问题的服务不可用，而保证其他服务仍然可用。常见的隔离方式包括线程隔离和进程隔离等。

线程隔离主要通过线程池（Thread Pool）进行隔离，在实际使用时，我们会把业务进行分类并交给不同的线程池进行处理。当某个线程池处理一种业务请求发生问题时，不会将故障扩散到其他线程池，也就不会影响到其他线程池中所运行的业务，从而保证其他服务可用。线程隔离机制通过为每个依赖服务分配独立的线程池以实现资源隔离，执行效果如图 6-6 所示。在图 6-6 中，当药品服务不可用时，即使为药品服务独立分配的 60 个线程全部处于同步等待状态，也不会影响就诊卡服务和处方服务的调用，因为这两个服务运行在各自独立的线程池中。

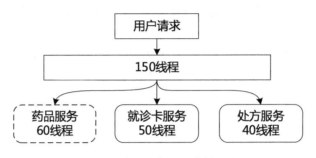

图 6-6 使用线程池隔离的场景

进程隔离比较好理解，就是将系统拆分为多个子系统来实现物理隔离，各个子系统运行在独立的容器和 JVM 中，通过进程隔离使得某一个子系统出现问题时不会影响到其他子系统。从进程隔离的角度讲，对系统进行微服务建模和拆分就是一种具体的实现方式，每个服务独立部署和运行，各个服务之间实现了物理隔离。

（2）服务熔断

服务熔断的概念来源于电路系统，在电路系统中存在一种熔断器（Circuit Breaker），当流经该熔断器的电路过大时，就会使熔断器件断开、自动切断电路。在微服务架构中，也存在类似现实世界中的服务熔断器，当某个异常条件被触发时，直接熔断整个服务，而不是一直等到该服务超时。服务熔断是预防雪崩效应的有效手段。

当服务消费者向服务提供者发起远程调用时，服务熔断器会监控该调用。如果调用的响应时间过长，服务熔断器就会中断本次调用并直接返回。请注意，服务熔断器判断本次调用是否应该快速失败是有状态的，也就是说，服务熔断器会把所有的调用结果都记录下来，如果发生异常的调用次数达到一定的阈值，那么服务熔断机制才会被触发，快速失败就会生效；反之，将按照正常的流程执行远程调用。

我们对以上过程进行抽象和提炼，可以得到如图 6-7 所示的服务熔断器基本结构，该结构简明扼要地给出了熔断器实现上的三个状态机，即关闭（Closed）状态、全开（Open）状态和半开（Half-Open）状态[16]。

在图 6-7 中，当熔断器处于关闭状态时，不对服务调用进行限制，但会对调用失败次数进行积累，当到达一定阈值或比例时，就启动熔断机制。当熔断器被打开时，对服务的调用将直接返回错误，不执行真正的网络调用。同时，熔断器设计了一个时钟选项，当时钟达到了一定时间时会进入半熔断状态。而处于半熔断状态的服务允许一定量的请求通过，如果调用都成功或达到一定比例，则认为调用链路已恢复，关闭熔断器；否则认为调用链路仍然存在问题，又回到熔断器打开状态。

第6章 构建响应式微服务架构

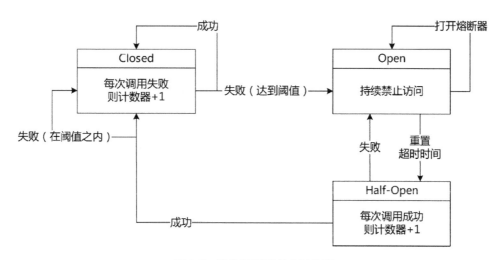

图6-7 服务熔断器基本结构图

（3）服务回退

回退这个词语跟我们常说的回滚有本质区别，服务回退并不是根据异常来执行数据回滚操作时，而是相当于执行了另一条路径上的代码或返回一个默认处理结果。服务回退在处理因为服务依赖而导致的异常时也是一种有效的容错机制，所返回的回退结果并不一定满足业务需求，而只是告知服务的消费者当前调用中所存在的问题。显然，服务回退不能解决由异常引起的实际问题，体现的是一种容错思想。

在现实环境中，服务回退的实现方式可能很简单，原则上只需要保证异常被捕获并返回一个默认的处理结果即可。但在有些场景下，回退的策略则可能非常复杂，我们可能会从其他服务或数据中获取相应的处理结果，需要具体问题具体分析。

2. 引入 Hystrix 实现服务容错

Netflix Hystrix 是 Netflix 开源的一款针对分布式系统的延迟和容错库，可用来隔离分布式服务故障，确保系统可用性。而 Spring Cloud Netflix Hystrix 基于 Netflix Hystrix 实现了服务隔离、服务熔断和服务回退这三种服务容错机制。

要使用 Hystrix，首先需要在服务消费者端添加相应的 Maven 依赖，代码如下。

```
<dependency>
    <groupId>org.springframework.cloud</groupId>
    <artifactId>spring-cloud-starter-netflix-hystrix</artifactId>
</dependency>
```

然后，需要在 Spring Boot 的启动类上添加@EnableCircuitBreaker 注解，改造后的 UserApplication 类如下。

```java
@SpringBootApplication
@EnableDiscoveryClient
@EnableCircuitBreaker
public class UserApplication {

    public static void main(String[] args) {
        SpringApplication.run(UserApplication.class, args);
    }
}
```

@EnableCircuitBreaker 注解的作用就是告诉 Spring Cloud 希望在该服务中启用 Hystrix。添加该注解的效果就相当于在 User 服务中自动注入了服务熔断器，并可以使用服务隔离和服务回退功能。

（1）使用 Hystrix 实现服务隔离

针对服务隔离，Hystrix 组件提供了两种解决方案，即线程池（Thread Pool）隔离和信号量（Semaphore）隔离，两种隔离方式都是限制对共享资源的并发访问量。这里以线程池隔离为例介绍如何使用 Hystrix 的方法。

在 Hystrix 内部，实现线程隔离的机制非常复杂。但为了降低开发成本，Hystrix 使用设计模式中的命令模式（Command Pattern）来封装整个外部入口，并提供 HystrixCommand 工具类。Hystrix 的整个机制中涉及依赖边界的地方，都是通过这个 HystrixCommand 进行封装的。在使用方式上，我们可以基于 HystrixCommand 来封装业务逻辑。例如，使用线程池构建 HystrixCommand 的代码示例如下。

```java
public class AccountCommand extends HystrixCommand<Flux<Account>> {

    private AccountService accountService;

    protected AccountCommand(String name) {
        super(Setter.withGroupKey(
            HystrixCommandGroupKey.Factory.asKey("AccountGroup"))
            .andCommandKey(HystrixCommandKey.Factory.asKey("accountKey"))
            .andThreadPoolKey(HystrixThreadPoolKey.Factory.asKey(name))
            .andCommandPropertiesDefaults(
                HystrixCommandProperties.Setter()
                    .withExecutionTimeoutInMilliseconds(3000))
            .andThreadPoolPropertiesDefaults(
                HystrixThreadPoolProperties.Setter()
                    .withMaxQueueSize(20)
                    .withCoreSize(5)
            )
        );
    }
```

```
    @Override
    protected Flux<Account> run() throws Exception {
        return accountService.getAccountList();
    }

    @Override
    protected Flux<Account> getFallBack() throws Exception {
        return accountService.getFallBackAccountList();
    }
}
```

上述代码中，自定义了一个扩展了 HystrixCommand 的 AccountCommand 类，并通过构造函数进行了初始化配置。Hystrix 提供了用于配置全局唯一标识服务分组名称的 HystrixCommandGroupKey，相同分组的服务会聚合在一起。HystrixCommandKey 则用于配置全局唯一标识服务的名称，可以为每个服务起一个全局唯一的名字。而 HystrixThreadPoolKey 则用于配置全局唯一标识线程池的名称，相同线程池的名称代表使用的是同一个线程池。

另一方面，在 AccountCommand 类中需要实现 HystrixCommand 提供的 run()方法来完成业务逻辑，这里简单调用 AccountService 中的方法来封装业务处理，也可以根据需要实现微服务之间的调用。同时，我们也可以选择是否实现 getFallBack()方法来实现服务回退处理逻辑。

（2）使用 Hystrix 实现服务熔断

熔断器的运作机制本质上是基于统计数据进行动态控制的过程。在熔断器的三个状态中，打开状态和半打开状态会触发熔断机制，而该判断取决于服务访问的失败率。在 Hystrix 中，对于失败的统计来自抛出的异常、超时、线程池拒绝、信号量拒绝等发生次数的总和，通过失败总数与访问总数之间的对比决定失败率。当该失败率超过一定阈值时，就会触发熔断器的打开状态。在 HystrixCommand 中可以对熔断的超时时间、失败率等各项阈值进行设置。例如，可以在远程访问 Account 服务的 getAccountById()方法上添加如下配置项来改变 Hystrix 的默认行为。

```
@HystrixCommand(commandProperties={@HystrixProperty(name="execution
    .isolation.thread.timeoutInMilliseconds", value="5000")
    }
)
private Mono<Account> getAccountById(Long id) {
    Mono<Account> account = webClientBuilder.build().get()
        .uri("http://accountservice/{id}", id)
        .retrieve().bodyToMono(Account.class);

    return account;
}
```

上述示例展示了使用 HystrixCommand 的另一种常见方法，即通过@HystrixCommand 注解来完成 HystrixCommand 的注入。通过使用 execution.isolation.thread.timeoutInMilliseconds

配置项可以设置 Hystrix 的超时时间，现在把它设置成 5000ms。Hystrix 提供了多种配置项，读者可参考其官方网站（https://github.com/Netflix/Hystrix/）了解更多内容。

（3）使用 Hystrix 实现服务回退

Hystrix 在异常、拒绝、超时等服务调用失败时都可以执行服务回退逻辑。我们知道，HystrixCommand 会调用 run()方法，如果 run()方法超时或者抛出异常，则 HystrixCommand 就会调用 getFallback()方法进行服务回退。

在开发过程中，我们只需要提供一个 Fallback 方法实现并进行配置即可。假如在 Account 服务中存在一个获取用户账户列表的方法，该方法的定义为 Flux<Account> getAccounts()，则该方法的 Fallback 方法示例代码如下，我们使用 Flux.fromIterable()静态方法来构建一个 Flux 对象。请注意，Fallback 方法的参数和返回值必须与真实的业务方法完全一致。

```
private Flux<Account> getAccountsFallback() {
    List<Account> fallbackList = new ArrayList<>();

    Account account = new Account ();
    //构建 Account 对象

    fallbackList.add(account);
    return Flux.fromIterable(fallbackList);
}
```

然后需要在@HystrixCommand 注解中设置"fallbackMethod"配置项，完整版的 getAccounts()方法代码如下。可以看到，设置了 HystrixCommand 中的线程池、超时参数以及回退方法。

```
@HystrixCommand(
    fallbackMethod = "getAccountsFallback",
    threadPoolKey = "accountThreadPool",
    threadPoolProperties =
        {@HystrixProperty(name = "coreSize",value="30"),
         @HystrixProperty(name="maxQueueSize", value="10")}
    commandProperties={
        @HystrixProperty(name="execution.isolation.thread
        .timeoutInMilliseconds", value="3000")
    }
)
public Flux<Order> getAccounts() {
    return accountRepository.getAccounts();
}
```

6.1.4 服务网关

可以想象，在日常开发过程中经常碰到客户端组件需要访问多个微服务所提供的 API 才能完成某一个业务操作，或者后台微服务持续迭代和演进需要客户端不断配合重构，这些场景对于前后端开发工作而言都是挑战。我们需要有一套机制来实现客户端与微服务之间的隔离，随着业务需求的变化和时间的演进，各个微服务的划分和实现可能需要做相应的调整和升级，这种调整和升级需要对客户端透明。

在微服务架构中，我们可以根据需要在服务提供者和消费者之间架设服务网关（Service Gateway），从而确保能够满足上文中提到的各种场景。Spring Cloud 中提供了 Spring Cloud Gateway 作为服务网关的一种具体实现方式。Spring Cloud Gateway 是 Spring 官方基于 Spring 5、Spring Boot 2 和 Project Reactor 等框架开发的网关，旨在为微服务架构提供一种简单、统一且高效的 API 路由管理方式。作为 Spring Cloud 生态中的一员，Spring Cloud Gateway 的目标是替代 Netflix Zuul，不仅实现了统一的路由机制，并且基于过滤器链方式提供了安全、监控、限流等核心的网关功能。

1. 引入 Spring Cloud Gateway

Spring Cloud Gateway 是最新的 Spring Cloud 项目之一，它建立在 Spring WebFlux 之上，因此，可以将它用于响应式微服务系统的网关。与 Spring WebFlux 应用程序类似，它在嵌入式 Netty 服务器上运行。要构建包含服务网关功能的 Spring Boot 应用程序，只需在 Maven 中添加如下依赖项。

```xml
<dependency>
    <groupId>org.springframework.cloud</groupId>
    <artifactId>spring-cloud-starter-gateway</artifactId>
</dependency>
```

然后创建 GatewayApplication 类作为 Bootstrap 类，代码如下。这里只需要引入 @EnableDiscoveryClient 注解即可。

```java
@SpringBootApplication
@EnableDiscoveryClient
public class GatewayApplication {

    public static void main(String[] args) {
        SpringApplication.run(GatewayApplication.class, args);
    }
}
```

2. 配置服务路由

默认情况下，Spring Cloud Gateway 不支持与服务发现机制之间的集成。若要启用该功能，就需要在配置文件中添加如下配置项。

```yaml
spring:
  cloud:
    gateway:
      discovery:
        locator:
```

```
enabled: true
```

Spring Cloud Gateway 提供了两种可以在路由中配置的组件,即过滤器(Filter)和谓词(Predicate)。谓词用于将 HTTP 请求与路由进行匹配,而过滤器可用于在发送下游请求之前或之后修改请求本身及对应的响应。Spring Cloud Gateway 的整体架构图如图 6-8 所示。

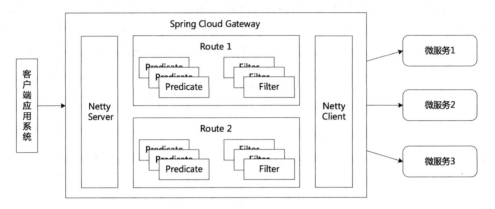

图 6-8 Spring Cloud Gateway 架构图

基于图 6-8,Spring Cloud Gateway 提供了如下核心配置项。
- Id:定义服务的名称。
- Uri:设置目标服务地址。
- Predicates:指定路由条件。
- Filters:配置过滤规则。

以下内容展示了网关的路由配置信息,可以看到,这里定义了两条路由信息,分别用于路由前面介绍的 Account 服务和 User 服务。

```
routes:
- id: accountservice
  uri: lb://accountservice
  predicates:
  - Path=/account/**
  filters:
  - PrefixPath=/mypath
- id: userservice
  uri: lb://userservice
  predicates:
  - Path=/user/**
  filters:
  - PrefixPath=/mypath
```

在上述配置信息中,两个 id 分别指向了注册中心的服务 accountservice 和 userservice。而 uri 配置项中的 "lb" 代表负载均衡 LoadBalance,实际上是 LoadBalancerClientFilter 的一种应用方式。然后通过 PathRoutePredicate 谓词来匹配传入的请求，例如，"Path=/account/**"代表所有以"/account"开头的请求都将被路由到指定的路径中。最后定义了一个过滤器用于为路径添加前缀（Prefix），这样当请求/user/1 时，最后转发到目标服务的路径将会变为/mypath/user/1。

网关服务中完整版的配置信息如下，我们可以参考其中的配置项搭建满足自身需求的网关服务。

```yaml
server:
  port: 8090

spring:
  application:
    name: gatewayservice

eureka:
  client:
    registerWithEureka: false
    serviceUrl:
      defaultZone: http://localhost:8761/eureka/

spring:
  cloud:
    gateway:
      discovery:
        locator:
          enabled: true
      routes:
      - id: accountservice
        uri: lb://accountservice
        predicates:
        - Path=/account/**
        filters:
        - PrefixPath=/mypath
      - id: userservice
        uri: lb://userservice
        predicates:
        - Path=/user/**
        filters:
        - PrefixPath=/mypath
```

3. 自定义过滤器

图 6-9 展示了 Spring Cloud Gateway 的工作流程。客户端向 Spring Cloud Gateway 发出请求，然后在 Gateway Handler Mapping 中找到与请求相匹配的路由，再将其发送到 Gateway Web Handler。Handler 再通过指定的过滤器链将请求通过服务代理（Rroxy）的方式发送到实

际的后台微服务执行业务逻辑并返回。我们可以在图 6-9 中添加各种过滤器。

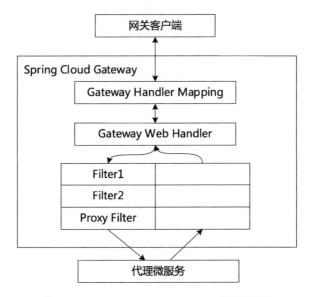

图 6-9　Spring Cloud Gateway 工作流程图

（1）自定义网关过滤器

在图 6-9 中，过滤器可能会在发送代理请求之前（pre）或之后（post）执行业务逻辑。网关过滤器（GatewayFilter）就支持这两种类型的过滤器，分别为 PRE 和 POST 类型。

以下代码展示了一个 PostGatewayFilter 的具体实现方法，首先继承 AbstractGatewayFilterFactory 类，然后可以在 apply(Config config) 方法中提供针对 ServerHttpResponse 对象的任何操作。GetGatewayFilter 的实现方式也类似，只不过处理的目标一般是 ServerHttpRequest 对象。

```java
public class PostGatewayFilterFactory extends AbstractGatewayFilterFactory {

    public PostGatewayFilterFactory() {
        super(Config.class);
    }

    public GatewayFilter apply() {
        return apply(o -> {
        });
    }

    @Override
    public GatewayFilter apply(Config config) {
        return (exchange, chain) -> {
```

```
            return chain.filter(exchange).then(Mono.fromRunnable(() -> {
                ServerHttpResponse response = exchange.getResponse();

                //针对Response的各种处理
            }));
        };
    }

    public static class Config {
    }
}
```

（2）使用全局过滤器

我们也可以使用全局过滤器（GlobalFilter）来进行请求拦截，具体做法是实现GlobalFilter接口，示例代码如下。

```
@Configuration
public class GlobalRouteFilter implements GlobalFilter {

    @Override
    public Mono<Void> filter(ServerWebExchange exchange,
        GatewayFilterChain chain) {
        ServerHttpRequest.Builder builder = exchange.getRequest().mutate();
        builder.header("MyHeader"," MyHeader Value");
        chain.filter(exchange.mutate().request(builder.build()).build());

        return chain.filter(exchange.mutate()
            .request(builder.build()).build());
    }
}
```

以上代码展示了如何利用全局过滤器在所有的请求中添加Header的实现方法。

（3）请求限流过滤器

目前在Spring Cloud Gateway中集成了请求限流过滤器（RequestRateLimiter），请求限流过滤器在实现上依赖于Redis，所以需要引入spring-boot-starter-data-redis-reactive依赖。我们已经在4.4节中介绍了响应式Redis的具体使用方法。

限流的基本实现方式是使用令牌桶（Token Bucket）算法，令牌桶算法从某种程度上来说是漏桶（Leaky Bucket）算法的一种改进。漏桶算法能够强行限制数据的传输速率，而令牌桶算法能够在限制数据平均传输速率的同时还允许某种程度的突发传输。如图6-10所示，令牌桶算法的原理是系统会以一个恒定的速度往桶里放入令牌，而如果请求需要被处理，则需要先从桶里获取一个令牌，当桶里没有令牌可取时，则拒绝服务。

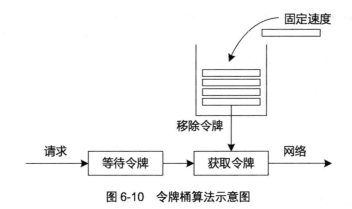

图6-10 令牌桶算法示意图

与限流运行机制相关的参数有两个需要配置,即 replenishRate 和 burstCapacity。
- replenishRate:用于指定在不会丢失任何请求的前提下希望允许用户每秒处理的请求数。
- burstCapacity:是允许用户在一秒钟内完成的最大请求数。这是令牌桶可以容纳的令牌的数量,将此值设置为零将阻止所有的请求。

请求限流过滤器的完整配置示例如下,我们基于 Redis 分别设置 replenishRate 和 burstCapacity 的值为 10 和 20。

```
spring:
  cloud:
    gateway:
      routes:
      - id: requestratelimiter_route
        uri: http://example.org
        filters:
        - name: RequestRateLimiter
          args:
            redis-rate-limiter.replenishRate: 10
            redis-rate-limiter.burstCapacity: 20:
```

(4)集成 Hystrix

最后,我们还有必要提一下 Spring Cloud Gateway 中集成 Hystrix 的方法,常见的场景就是设置服务访问的超时时间。想要使用 Hystrix,同样需要先引入 spring-cloud-starter-netflix-hystrix 依赖。然后就可以在配置文件中添加如下配置项,以完成对所有经由 Spring Cloud Gateway 的服务访问超时时间的设置。

```
hystrix:
  command:
    default:
      execution:
        isolation:
          thread:
```

```
            timeoutInMilliseconds: 5000
```

显然，上述配置信息的效果就是覆写 Hystrix 的默认超时时间为 5000ms。

6.1.5 服务配置

通常，每个微服务都需要有一定的配置信息。如果微服务数量达到一定规模，那么围绕这些配置信息展开的配置管理工作就会是一个挑战。我们一方面需要确保不同部署环境下应用配置的隔离性，比如非生产环境的配置不能用于生产环境。另一方面，也需要确保同一部署环境下的服务器应用配置的一致性，即所有的服务器使用同一份配置。针对这些需求，本节将介绍微服务架构中配置中心（Configuration Center）的设计思想和实现方法。

配置中心体现的实际上是一种集中式配置管理的设计思想。在集中式配置中心中，开发、测试和生产等不同的环境配置信息统一保存在配置中心中，这是一个维度。而另一个维度就是分布式集群环境，需要确保集群中同一类服务的所有服务器保存同一份配置文件，并且能够同步更新。

本节重点介绍基于 Spring Cloud Config 的配置中心方案，Spring Cloud Config 是 Spring Cloud 家族自行研发的高可用、分布式配置中心。

1．实现配置服务器

要想构建配置服务器，首先需要创建一个独立的 Maven 工程并导入 spring-cloud-config-server 依赖，该依赖包含了用于构建 Config 服务器的各种组件，代码如下。

```
<dependency>
    <groupId>org.springframework.cloud</groupId>
    <artifactId>spring-cloud-config-server</artifactId>
</dependency>
```

接下来在新建的 Maven 工程中添加一个 Bootstrap 类 ConfigServerApplication，代码如下。

```
@SpringBootApplication
@EnableEurekaClient
@EnableConfigServer
public class ConfigServerApplication {

    public static void main(String[] args) {
        SpringApplication.run(ConfigServerApplication.class, args);
    }
}
```

我们看到配置服务本身也是一种微服务，也需要将自身注册到 Eureka 服务器中，所以在 ConfigServerApplication 上也添加了@EnableEurekaClient 注解，并且在 application.yml 中设置了 Eureka 服务器地址。为了能使 Eureka 服务器与 Config 服务进行通信，还需要在 Maven 中引入如下依赖。

```
<dependency>
    <groupId>org.springframework.cloud</groupId>
    <artifactId>spring-cloud-starter-config</artifactId>
</dependency>
```

同时，我们看到在 ConfigServerApplication 中添加了一个新的注解@EnableConfigServer，通过该注解实现集中式配置服务器的创建工作。

2. 实现配置仓库

一个配置中心有两个核心组件，一个是配置服务器，另一个是配置仓库（Repository）。上文中已经成功搭建了配置服务器，下面将讨论如何构建配置仓库。配置仓库就是具体存放配置信息的地方，配置服务器可以将存放在仓库中的配置信息进行统一管理并应用到分布式环境中。

在 Spring Cloud Config 中，构建配置仓库的方式有很多种，我们可以使用本地文件系统，也可以采用 Git 等具备版本控制功能的第三方工具。而基于 Git 的配置方案的最终结果也是将位于 Git 仓库中的远程配置文件加载到本地，一旦配置文件已经加载到本地，则处理的方式以及效果与本地文件系统完全一致。因此，本节以本地文件系统为例介绍配置方案的实现方法。

为了达到集中化管理的目的，Spring Cloud Config 对配置文件的命名做了约束，使用 label 和 profile 概念指定配置信息的版本以及运行环境。其中 label 表示配置版本控制信息，而 profile 中的 dev、prod、test 分别对应着开发、生产和测试环境。

还是以 6.1.2 节中介绍的 Acount 服务和 User 服务为例，当我们使用本地配置文件方案构建配置仓库时，一种典型的项目工程结构参考图 6-11。我们在 src/main/resources 目录下创建一个 config 文件夹，再在 config 文件夹下分别创建 accountservice 和 userservice 两个子文件夹。请注意，这两个子文件夹的名称必须与两个服务自身的名称完全一致。然后我们可以看到这两个子文件夹下面都存放着各个服务指向不同环境的.yml 配置文件。

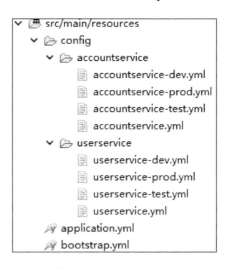

图 6-11 本地配置文件方案下的项目工程结构图

在图 6-11 的 application.yml 文件中添加如下配置项，通过 searchLocations 指向各个配置文件的路径。

```yaml
server:
  port: 8888
spring:
  profiles:
    active: native
  cloud:
    config:
      server:
        native:
          searchLocations: classpath:config/
            classpath:config/accountservice,
            classpath:config/userservice
```

现在在 config/userservice/userservice-dev.yml 配置文件中添加如下配置信息。显然，这些配置信息用于 Spring Cloud Stream 中的 Binder 信息。

```yaml
spring:
  cloud:
    stream:
      bindings:
        output:
          destination: devTopic
          content-type: application/json
      kafka:
        binder:
          zkNodes: dev-zk
          brokers: dev-brokers
```

Spring Cloud Config 提供了强大的集成入口，配置服务器可以将存放在本地文件系统中的配置文件信息自动转换为 RESTful 风格的接口数据。当我们启动配置服务器，并访问 http://localhost:8888/userservice/dev 端点时，可以得到如下的当前环境配置文件的元数据以及包含在配置文件中的各项配置信息。

```
{
    "name":"userservice",
    "profiles":[
        "dev"
    ],
    "label":null,
    "version":null,
    "state":null,
    "propertySources":[
        {
```

```
                "name":"classpath:config/userservice/userservice-dev.yml",
                "source":{
                    "spring.cloud.stream.bindings.output.destination":"devTopic",
                    "spring.cloud.stream.bindings.output.content-type"
                        :"application/json",
                    "spring.cloud.stream.bindings.kafka.binder.zkNodes":"dev-zk",
                    "spring.cloud.stream.bindings.kafka.binder.brokers"
                        :"dev-brokers"
                }
            },
            {
                "name":"classpath:config/userservice/userservice.yml",
                "source":{
                    "spring.cloud.stream.bindings.output.destination"
                        :"defaultTopic",
                    "spring.cloud.stream.bindings.output.content-type"
                        :"application/json",
                    "spring.cloud.stream.bindings.kafka.binder.zkNodes"
                        :"default-zk",
                    "spring.cloud.stream.bindings.kafka.binder.brokers"
                        :"default-brokers"
                }
            }
        ]
    }
```

以上配置信息中"profiles"值为"dev",意味着配置文件的 profile 是开发环境,这点从 userservice-dev.yml 文件的命名上就可以看出。而"label"的值是"master",实际上也代表一种默认版本的信息。最后的"propertySources"段展示了配置文件的路径以及具体内容。这里需要注意的是,dev 端点会同时返回 default 和 dev 两个 profile 对应的所有配置信息。

3. 访问配置项

要想通过配置服务器获取配置信息,首先需要初始化客户端,然后通过注解将配置信息注入到业务代码中。初始化客户端的第一步是引入 Spring Cloud Config 的客户端组件 spring-cloud-config-client,代码如下。

```xml
<dependency>
    <groupId>org.springframework.cloud</groupId>
    <artifactId>spring-cloud-config-client</artifactId>
</dependency>
```

然后需要在配置文件 application.yml 中初始化配置服务器的访问地址,代码如下。

```yaml
spring:
  application:
    name: userservice
```

```yaml
    profiles:
      active:
        dev

    cloud:
      config:
        enabled: true
        uri: http://localhost:8888
```

以上配置信息中有几个地方值得注意。首先，Spring Boot 应用程序的名称为"userservice"，该名称必须与配置仓库中对应配置文件所在的目录名称保持一致，我们在图 6-11 中已经创建了该目录名称，如果两者无法对应，则访问配置信息会发生失败。其次，注意到 profile 值为 dev，意味着我们会使用 dev 环境的配置信息，也就是会获取配置服务器中 userservice-dev.yml 配置文件中的内容。最后，需要初始化配置服务器所在的地址，也就是上例中的 uri，具体为 http://localhost:8888。

当我们连接到配置服务器时，就需要考虑如何在 Spring Boot 应用程序中使用这些配置信息。为此，我们可以使用 Spring 框架中提供的@Value 注解实现这一目标。

回到 User 服务中，假设在配置仓库的 userservice.yml 文件中存在一个自定义配置项"userservice.defaultuserlevel"，通常的做法是创建一个 UserConfig 类专门用于处理配置信息，UserConfig 类的代码如下。

```java
@Component
public class UserConfig {

    @Value("$(userservice.defaultuserlevel)")
    private String defaultUserLevel;

    public String getDefaultUserLevel() {
        return defaultUserLevel;
    }
}
```

可以看到，通过@Value 注解可以自动加载到配置文件中的配置信息，这一过程涉及复杂的远程 HTTP 端点的请求、配置参数的实例化等过程都由@Value 注解自动完成。

6.1.6 服务监控

本节讨论微服务架构中的服务监控机制，我们先从分布式环境下的服务跟踪基本原理出发，引出 Spring Cloud 中专门实现服务监控的 Spring Cloud Sleuth 组件，并结合第三方工具 Zipkin 实现可视化服务监控方案。

1. 服务监控的基本原理

分布式服务跟踪的原理实际上并不复杂，首先需要引入两个基本概念，即 TraceId 和 SpanId。

（1）TraceId

TraceId 即跟踪 Id。在微服务架构中，每个请求会生成一个全局的唯一性 Id，通过这个 Id 可以串联起整个调用链。也就是说，请求在分布式系统内部流转时，系统需要始终保持传递该唯一性 Id，直到请求返回。这个唯一性 Id 就是 TraceId。

（2）SpanId

除 TraceId 外，还需要 SpanId。SpanId 一般被称为跨度 Id。当请求到达各个服务组件时，通过 SpanId 来标识它的开始、具体执行过程和结束。对每个 Span 而言，它必须有开始和结束两个节点，通过记录开始 Span 和结束 Span 的时间戳统计该 Span 的时间延迟。

整个调用过程中，每个请求都要传输 TraceId 和 SpanId。要查看某次完整的调用，只需根据 TraceId 查出所有的调用记录，然后通过 SpanId 组织起整个调用链路关系。

在常见的分布式服务监控工具中，我们通过 4 种注解（Annotation）来记录每个服务的客户端请求和服务器响应过程，分别是 cs 注解、sr 注解、ss 注解和 cr 注解。其中，cs 注解代表 Client Send，即客户端发送一个请求，表示 Span 的开始；sr 注解代表 Server Receive，即服务端接收请求并开始处理它；ss 注解代表 Server Send，即服务端处理请求完成，开始返回结果给客户端；而 cr 代表 Client Receive，表示客户端完成接受返回结果，此时 Span 结束。可以看到，(sr-cs) 值等于请求的网络延迟，(ss-sr) 值表示服务端处理请求的时间，而 (cr-sr) 值表示客户端接收服务端数据的时间。

2. 引入 Spring Cloud Sleuth

Spring Cloud Sleuth 是 Spring Cloud 的组成部分之一，我们可以通过 Spring Cloud Sleuth 完成分布式环境下服务调用链路的构建以及服务监控数据的存储和梳理。

通过将 Spring Cloud Sleuth 添加到系统的类路径，系统便会自动收集监控数据，包括基于 Spring WebFlux 所暴露的各个 HTTP 端点以及通过 WebClient 所发起的服务请求。同时，Spring Cloud Sleuth 也能无缝支持通过 Spring Cloud Gateway 发送的请求，以及基于 Spring Cloud Stream 等消息通信框架所传递的消息。

针对监控数据的管理，Spring Cloud Sleuth 可以设置常见的日志格式来输出 TraceId 和 SpanId。也可以利用诸如 Logstash 等日志发布组件将日志发布到 Elastic Search 等日志分析工具中进行处理。同时，Spring Cloud Sleuth 也兼容了 Zipkin 等第三方工具的应用和集成。

（1）初始化 Spring Cloud Sleuth 运行环境

借助于 Spring Cloud Sleuth 中简单且自动化的服务调用链路构建过程，我们想要在某个微服务中添加服务监控功能，只需把 spring-cloud-starter-sleuth 组件添加到 Maven 依赖中即可，代码如下。

```
<dependency>
    <groupId>org.springframework.cloud</groupId>
    <artifactId>spring-cloud-starter-sleuth</artifactId>
</dependency>
```

（2）Spring Cloud Sleuth 中的 Trace 和 Span

依然使用 6.1.2 节中的 Account 服务来观察引入 Spring Cloud Sleuth 之后所带来的变化。在没有引入 Spring Cloud Sleuth 之前，当我们访问 AccountController 中的任意端点时，会在控制台中看到如下日志信息。

INFO [accountservice,,,]

引入 Spring Cloud Sleuth 之后，再次访问 AccountController，在控制台中看到的日志信息就会有所不同，具体如下。

INFO [**accountservice,306ee7a133739c25,6513cb82d7ac576a,true**]

显然，Spring Cloud Sleuth 自动添加了很多有用的信息，这些信息就与服务监控紧密相关。请注意上面黑体部分的日志，包括以下 4 段内容。

- 服务名称：第一段中的 accountservice 代表该服务的名称，使用的就是在配置文件中通过 spring.application.name 配置项指定的服务名称。
- TraceId：第二项 306ee7a133739c25 代表 TraceId，也就是该次请求的唯一编号。在诸如 Zipkin 等可视化工具中，可以通过 TraceId 查看完整的服务调用链路。
- SpanId：第三项 6513cb82d7ac576a 代表的是 SpanId。在一个完整的服务调用链路中，每一个服务之间的调用过程都可以通过 SpanId 进行唯一标识，所以 TraceId 和 SpanId 是一对多的关系。同样，我们也可以通过 SpanId 查看某一个服务调用过程的详细信息。
- Zipkin 标志位：最后一个标志位用于识别是否将服务跟踪信息同步到 Zipkin。Zipkin 是一个可视化工具，可以将服务跟踪信息通过一定的形式展示出来。上例中的标志位值为 true，表示在运行该服务时已经启动了 Zipkin 服务器。

这时候再访问另一个微服务 User 服务，注意到 User 服务会调用 Account 服务。User 服务中的控制台输出日志如下，可以看到用黑体表示的完整的四段内容，其中，TraceId 为 306ee7a133739c25，SpanId 为 a345bc7845ca4522，Zipkin 标志位为 true。

[**userservice, 306ee7a133739c25, a345bc7845ca4522,true**]

请注意，Account 服务和 User 服务日志中的 TraceId 都是 306ee7a133739c25，也就是它们属于同一个服务调用链路，而不同的 SpanId 代表着整个链路中的具体某一个服务调用。我们通过 TraceId 和 SpanId 就能构建完整的服务调用链路效果图。

（3）自定义服务监控信息

除了查看日志中自动捕获的跟踪信息，还可以使用 Spring Cloud Sleuth 提供的工具类在代码级别控制跟踪信息的生成和展示。通过 org.springframework.cloud.sleuth.Tracer 接口所提供的 API 可以观察到 Span 的整个生命周期。

以下代码展示了如何手工创建一个 Span 实例。我们看到，在通过 tracer.createSpan()方法创建新的 Span 时，可以给一个 Span 打 Tag 并在 Span 上记录事件。而如果想要把该 Span 信息发送到 Zipkin，就不要忘了使用 closeSpan()方法关闭 Span。

```
@Autowired
private Tracer tracer;

Span newSpan = tracer.createSpan("newSpan");
this.tracer.addTag("tagName", tagValue);
newSpan.logEvent("eventOccured");
this.tracer.close(newSpan);
```

另一方面，我们通常需要获取服务链路上各个 Trace 和 Span 的详细信息。Tracer 接口提供了非常实用的 getCurrentSpan()方法，该方法用于获取当前线程下的 Span 信息。一旦获取到特定的 Span，还可以使用 getSpanId()、getTraceId()、getName()、getParents()等方法获取更多有用的信息。例如，在某一个服务链路中，我们想要获取该链路的 TraceId，可通过以下代码实现这一目标。

```
tracer.getCurrentSpan().traceIdString()
```

使用 Spring Cloud Sleuth 可以实现强大的服务调用跟踪功能，但是从定位上讲，Spring Cloud Sleuth 并不是一个完整的解决方案。在本节最后，我们将通过 Zipkin 这一可视化工具丰满 Spring Cloud Sleuth 的使用体验。

3. 整合 Spring Cloud Sleuth 与 Zipkin

在 Spring Cloud Sleuth 中整合 Zipkin 也非常简单，通过搭建 Zipkin 服务器并为各个微服务集成 Zipkin 服务，即可完成准备工作。构建 Zipkin 服务器的第一步是创建一个新的 zipkin-server 工程，并添加 Zipkin 相关的 Maven 依赖，包括 Zipkin 服务器和 UI 组件，代码如下。

```xml
<dependency>
    <groupId>io.zipkin.java</groupId>
    <artifactId>zipkin-server</artifactId>
</dependency>

<dependency>
    <groupId>io.zipkin.java</groupId>
    <artifactId>zipkin-autoconfigure-ui</artifactId>
</dependency>
```

添加完所需的依赖之后，就可以通过使用@EnableZipkinServer 注解来构建 Bootstrap 类，代码如下。

```java
@SpringBootApplication
@EnableZipkinServer
public class ZipkinServerApplication {
    public static void main(String[] args) {
        SpringApplication.run(ZipkinServerApplication.class, args);
    }
}
```

第 6 章 构建响应式微服务架构

在各个微服务中,需要确保添加了对 Spring Cloud Sleuth 和 Zipkin 的 maven 依赖,代码如下。

```xml
<dependency>
    <groupId>org.springframework.cloud</groupId>
    <artifactId>spring-cloud-starter-sleuth</artifactId>
</dependency>

<dependency>
    <groupId>org.springframework.cloud</groupId>
    <artifactId>spring-cloud-sleuth-zipkin</artifactId>
</dependency>
```

然后,在各个微服务的配置文件中添加对 Zipkin 服务器的引用即可,配置内容如下。

```
spring:
  zipkin:
    baseUrl: http://localhost:9411
```

至此,Zipkin 环境已经搭建完毕,我们可以通过访问 http://localhost:9411 来获取 Zipkin 所提供的所有可视化结果。在运行过程中,可以通过 Zipkin 获取类似如图 6-12 所示的服务调用链路分析效果,我们看到 Zipkin 提供了可视化的服务调用链路以及时序管理功能。

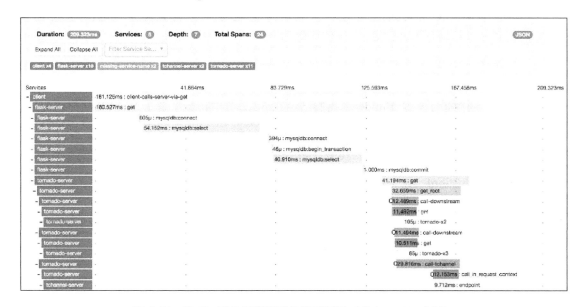

图 6-12 Zipkin 服务调用链路分析示例图(来自 Zipkin 官网)

6.2 使用 WebClient 实现响应式服务调用

在 Spring 中，存在着一个功能强大的工具类 RestTemplate，专门用来实现基于 HTTP 协议的远程请求和响应处理。RestTemplate 在传统的微服务架构中应用非常广泛，但该工具类的主要问题在于不支持响应式流规范，也就无法提供非阻塞式的流式操作。

Spring 5 全面引入了响应式编程模型，同时也提供了 RestTemplate 的响应式版本 WebClient 工具类。我们已经在 6.1.2 节中讨论负载均衡时使用到了 WebClient，本节内容将对该工具类做全面剖析。

WebClient 类位于 org.springframework.web.reactive.function.client 包中，要想在项目中集成 WebClient 类，只需要引入 Webflux 依赖即可。

6.2.1 创建和配置 WebClient

1. 创建 WebClient

创建 WebClient 有两种方法，即通过 create()工厂方法和使用 WebClient Builder。我们可以直接使用 create()工厂方法创建 WebClient 的实例，示例代码如下。

```
WebClient webClient = WebClient.create();
```

如果创建 WebClient 的目的是针对某一个特定服务进行操作，那么就可以使用该服务的地址作为 baseUrl 来初始化 WebClient，示例代码如下。

```
WebClient webClient =
    WebClient.create("https://localhost:8081/v1/accounts");
```

WebClient 还附带了一个 Builder，我们已经在 6.1.2 节中初步了解了 WebClient Builder 的使用方法。WebClient Builder 的基本使用示例代码如下。

```
WebClient webClient = WebClient.builder().build();
```

2. 配置 WebClient

WebClient 还提供了一些自定义选项，可以在 WebClient.builder()中添加相关的配置项，示例代码如下。

```
WebClient webClient = WebClient.builder()
    .baseUrl("https://localhost:8081/v1/accounts")
    .defaultHeader(HttpHeaders.CONTENT_TYPE,
       "application/json")
    .defaultHeader(HttpHeaders.USER_AGENT, "Reactive WebClient")
    .build();
```

上述代码展示了 defaultHeader 的使用方法，WebClient.builder()还包含 defaultCookie、defaultRequest、filter、clientConnector 等多个配置项可供使用。

6.2.2 使用 WebClient 访问服务

在远程服务访问上，WebClient 有几种常见的使用方式，本节对这些使用方式做详细介绍并给出相关示例。

1. 构造 URL

Web 请求中通过请求路径可以携带参数，在使用 WebClient 时也可以在它提供的 uri() 方法中嵌入路径变量，路径变量的值可以通过该方法的第 2 个参数指定。我们可以定义拥有一个路径变量名为 id 的 URL，然后在实际访问时将该变量值设置为 1，示例代码如下。

```
webClient.get().uri("http://localhost:8081/account/{id}", 1);
```

URL 中也可以使用多个路径变量，多个路径变量的赋值将依次使用 uri() 方法的第 2 个到第 N 个参数。如下代码定义了 URL 中拥有路径变量 p1 和 p2，实际访问的时候将被替换为 var1 和 var2。

```
webClient.get().uri("http://localhost:8081/account/{p1}/{p2}", "var1", "var2");
```

路径变量也可以通过 Map 进行赋值。如下代码就定义了拥有路径变量 p1 和 p2 的 URL，实际访问时会从 uriVariables 这一 Map 对象中获取值进行替换，从而得到最终的请求路径为 http://localhost:8081/user/var1/1。

```
Map<String, Object> uriVariables = new HashMap<>();
uriVariables.put("p1", "var1");
uriVariables.put("p2", 1);
webClient.get().uri("http://localhost:8081/account/{p1}/{p2}",
    uriVariables);
```

我们还可以通过使用 uriBuilder 来获取对请求信息的完全控制，示例代码如下。

```
public Flux<Order> listOrders(String username, String token) {
    return webClient.get()
        .uri(uriBuilder -> uriBuilder.path("/user/orders")
            .queryParam("sort", "updated")
            .queryParam("direction", "desc")
            .build())
        .header("Authorization", "Basic " + Base64Utils
            .encodeToString((username + ":" + token).getBytes(UTF_8)))
        .retrieve()
        .bodyToFlux(Order.class);
}
```

一旦我们准备好请求信息，就可以使用 WebClient 提供的一系列工具方法完成远程服务的访问，例如，上面示例中的 retrieve() 方法。

2. retrieve()方法

retrieve()方法是获取响应主体并对其进行解码的最简单的方法,我们再看一个示例,具体如下。

```
WebClient webClient = WebClient.create("http://localhost:8081");

Mono<Person> result = webClient.get()
    .uri("/v1/account/{id}", id)
    .accept(MediaType.APPLICATION_JSON)
    .retrieve()
    .bodyToMono(Person.class);
```

上述代码使用 JSON 作为序列化方式,我们也可以根据需要设置其他方式,例如,采用 MediaType.TEXT_EVENT_STREAM 以实现基于流的处理,示例如下。

```
Flux<Order> result = webClient.get()
    .uri("/accounts").accept(MediaType.TEXT_EVENT_STREAM)
    .retrieve()
    .bodyToFlux(Account.class);
```

3. exchange()方法

如果希望对响应拥有更多的控制权,retrieve()方法就显得无能为力,这时可以使用 exchange()方法来访问整个响应结果,该响应结果是一个 org.springframework.web.reactive.function.client.ClientResponse 对象,通过它可以获取响应的状态码、Cookie 等,示例代码如下。

```
Mono<Account> result = webClient.get()
    .uri("/account/{id}", id)
    .accept(MediaType.APPLICATION_JSON)
    .exchange()
    .flatMap(response -> response.bodyToMono(Person.class));
```

以上代码演示了如何对结果进行 flatMap()操作的实现方式。

4. 构建 RequestBody

如果你有一个 Mono 或 Flux 类型的请求体,可以使用 WebClient 的 body()方法来进行编码,示例如下。

```
Mono<Account> accountMono = ... ;

Mono<Void> result = webClient.post()
    .uri("/account/{id}", id)
    .contentType(MediaType.APPLICATION_JSON)
    .body(accountMono, Account.class)
    .retrieve()
    .bodyToMono(Void.class);
```

如果请求对象是一个实际值,而不是 Publisher(Flux/ Mono),则可以使用 syncBody()作为一种快捷方式来传递请求,示例代码如下。

```
Account account = ... ;

Mono<Void> result = webClient.post()
    .uri("/account /{id}", id)
    .contentType(MediaType.APPLICATION_JSON)
    .syncBody(account)
    .retrieve()
    .bodyToMono(Void.class);
```

5. Form 和 Multipart Data 提交

当传递的请求体是一个 MultiValueMap 对象时,WebClient 默认发起的是 Form 表单提交。下面的代码就通过 Form 提交模拟了用户登录操作,我们给 Form 传递了参数 username 和 password,并分别将它们的值设置为 tianyalan 和 password。

```
String baseUrl = "http://localhost:8081";
WebClient webClient = WebClient.create(baseUrl);

MultiValueMap<String, String> map = new LinkedMultiValueMap<>();
map.add("username", "tianyalan");
map.add("password", "password");

Mono<String> mono = webClient.post()
    .uri("/login")
    .syncBody(map)
    .retrieve()
    .bodyToMono(String.class);
```

如果想提交 Multipart Data,可以使用 MultipartBodyBuilder 工具类来简化请求的构建过程。MultipartBodyBuilder 的使用方法如下,最终将得到一个 MultiValueMap 对象。

```
MultipartBodyBuilder builder = new MultipartBodyBuilder();
builder.part("fieldPart", "fieldValue");
builder.part("filePart", new FileSystemResource("logo.png"));
builder.part("jsonPart", new Account("tianyalan"));

MultiValueMap<String, HttpEntity<?>> parts = builder.build();
```

一旦 MultiValueMap 构建完成,通过 WebClient 的 syncBody()方法就可以实现请求提交,我们已经在上文中提交 Form 时看到过这种实现方法。

6. 客户端过滤器

WebClient 支持使用过滤器函数,我们已经在 6.1.2 节中介绍了提供过滤器函数的接口 ExchangeFilterFunction。可以使用过滤器函数以任何方式拦截和修改请求,例如,通过修改

ClientRequest 并调用 ExchangeFilterFunction 过滤器链中的下一个过滤器,或者让 ClientRequest 直接返回以阻止过滤器链的进一步执行。作为示例,如下代码演示了如何使用过滤器功能添加基本认证。基于客户端过滤机制,我们不需要在每个请求中添加 Authorization 消息头,过滤器将拦截每个 WebClient 请求并自动添加该消息头。

```
WebClient client = WebClient.builder()
    .filter(basicAuthentication("user", "password"))
    .build();
```

再来看一个例子,我们将编写一个自定义的过滤器函数 logRequest(),代码如下。

```
private ExchangeFilterFunction logRequest() {
    return (clientRequest, next) -> {
        logger.info("Request: {} {}", clientRequest.method(),
            clientRequest. url());
        clientRequest.headers()
            .forEach((name, values) -> values.forEach(value ->
                logger.info ("{}={}", name, value)));
        return next.exchange(clientRequest);
    };
}
```

显然,logRequest()过滤器的作用是对每个请求做详细的日志记录。我们同样可以通过 filter()方法把该过滤器添加到请求链路中,代码如下。

```
WebClient webClient = WebClient.builder()
    .filter(logRequest())
    .build();
```

7. 处理 WebClient 错误

当响应的状态码为 4xx 或 5xx 时,WebClient 就会抛出一个 WebClientResponseException 异常,我们可以用 onStatus()方法来自定义对异常的处理方式,示例代码如下。

```
public Flux<Account> listAccounts() {
    return webClient.get()
        .uri("/account?sort={sortField}&direction=
            {sortDirection}", "updated", "desc")
        .retrieve()
        .onStatus(HttpStatus::is4xxClientError, clientResponse ->
            Mono.error(new MyCustomClientException())
        )
        .onStatus(HttpStatus::is5xxServerError, clientResponse ->
            Mono.error(new MyCustomServerException())
        )
        .bodyToFlux(Account.class);
}
```

需要注意的是，WebClientResponseException 异常只适用于使用 retrieve()方法进行远程请求的场景，exchange()方法在获取 4xx 或 5xx 响应的情况下不会引发异常。因此，当使用 exchange()方法时，我们需要自行检查状态码并以合适的方式处理它们。

6.3 本章小结

本章是全书的重点，我们通过使用 Spring Cloud 框架来实现响应式微服务架构。我们从服务治理、负载均衡、服务容错、服务网关、服务配置和服务监控等 6 大主题出发全面讨论了响应式微服务框架的核心组件及其实现方案。对每个组件的介绍都包含了使用该组件的具体方法以及相应的代码示例。

在响应式微服务架构构建的过程中，核心工作就是如何实现服务与服务之间的响应式调用。我们可以使用全新的 WebClient 工具类替代传统的 RestTemplate 工具类来实现响应式服务调用。本章也对 WebClient 工具类的创建、配置和使用方法做了全面介绍。

第 7 章

测试响应式微服务架构

在本章中,我们将关注响应式微服务架构中开展多维度测试的方法和工具。在微服务架构中,涉及测试的维度有很多,包括数据访问、服务构建和服务集成等。同时,基于常见的系统分层和代码组织结构,测试工作也体现为一种层次关系,即我们需要测试从 Repository 层到 Service 层,再到 Controller 层的完整业务链路。图 7-1 展示了这种测试层次关系,并给出了各个层次中使用到的主要测试实现方法。

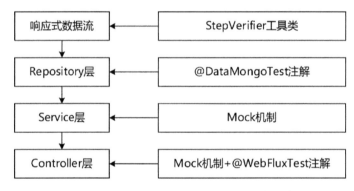

图 7-1 响应式微服务架构测试的层次和实现方式

不同层次的测试方法需要使用不同的测试工具和框架。以 xUnit 为代表的单元测试工具以及各种 Mock 框架同样适用于微服务测试。同时,因为本书整合了全栈式的响应式编程模型和微服务架构,也需要采用如图 7-1 所展示的特有的测试框架。本章内容将从初始化测试环境开始,逐步介绍各层组件的测试方法和工程实践。

7.1 初始化测试环境

我们知道，所有基于 Spring Cloud 框架开发的微服务本身就是一个 Spring Boot 应用程序，所以对 Spring Boot 应用程序进行测试是微服务测试的基础。本节将初始化 Spring Boot 应用程序的测试环境，并介绍一系列基础的测试注解。

7.1.1 引入 spring-boot-starter-test 组件

与 Spring Boot 1.x 一样，Spring Boot 2.x 同样提供了针对测试的 spring-boot-starter-test 组件。我们首先在 pom 文件中添加如下依赖。

```xml
<dependency>
    <groupId>org.springframework.boot</groupId>
    <artifactId>spring-boot-starter-test</artifactId>
    <scope>test</scope>
</dependency>
```

然后通过 Maven 查看组件依赖关系，可以得到如图 7-2 所示的组件依赖图。

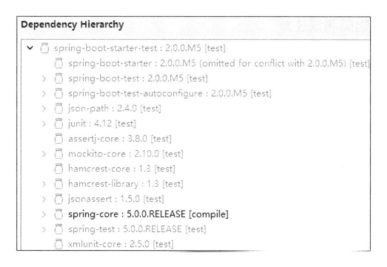

图 7-2　spring-boot-starter-test 组件的依赖关系图

可以看到，一系列组件被自动引入到了工程的构建路径中，包括 JUnit、JSON Path、AssertJ、Mockito、Hamcrest 等。

- JUnit：JUnit 是一款非常流行的基于 Java 语言的单元测试框架。
- JSON Path：类似于 XPath 在 XML 文档中的定位，JSON Path 表达式通常用来检索路径或设置 JSON 文件中的数据。
- AssertJ：AssertJ 是强大的流式断言工具，遵守 3A 核心原则，即 Arrange（初始化测试对象或者准备测试数据）、Actor（调用被测方法）和 Assert（执行断言）。
- Mockito：Mockito 是 Java 世界中一款流行的 Mock 测试框架，使用简洁的 API 实现模拟操作。
- Hamcrest：Hamcrest 提供了一套匹配器（Matcher），其中每个匹配器都设计用于执行特定的比较操作。
- JSONassert：JSONassert 是一款专门针对 JSON 提供的断言框架。
- Spring Test and Spring Boot Test：为 Spring 和 Spring Boot 框架提供的测试工具。

以上组件的依赖关系是自动导入的，我们一般不需要做任何变动。而对于某些特定场景而言，还需要手工导入一些组件以满足测试需求，包括但不限于如下组件。
- HTMLUnit：HTMLUnit 是为 HTML 输出结果提供的测试套件。
- Selenium：Selenium 是一款主流的 UI 交互和自动化测试框架。
- Flapdoodle：Flapdoodle 是一款专门针对测试场景的嵌入式 MongoDB 数据库。
- H2：H2 是一款专门针对测试场景的嵌入式关系型数据库。
- Spring REST Docs：通过 Spring REST Docs 可以自动化管理测试生成的 REST 文档。

我们会在后续章节中同时介绍部分自动以及手工导入组件的特点及其使用方法。

7.1.2 解析基础类测试注解

在导入 spring-boot-starter-test 依赖之后，我们就可以使用它所提供的各项功能来应对复杂的测试场景。spring-boot-starter-test 的强大之处在于提供了一批简单而有用的注解，本节对常见的基础类测试注解做简要介绍。

1. @SpringBootTest 注解

因为 SpringBoot 应用程序的入口是 Bootstrap 启动类，SpringBoot 专门提供了一个 @SpringBootTest 注解来测试你的启动类。所有的配置都会通过启动类去加载，而该注解可以引用启动类的配置。

使用 @SpringBootTest 注解的常见做法是在该注解中指定启动类，示例代码如下。显然，这里的启动类是 AccountApplication。

```
@SpringBootTest(classes = AccountApplication.class,
    webEnvironment = SpringBootTest.WebEnvironment.MOCK)
```

@SpringBootTest 注解中的 webEnvironment 用于设置测试的 Web 环境，可以有 4 个选项，分别是 MOCK、RANDOM_PORT、DEFINED_PORT 和 NONE。其中 MOCK 选项用于加载 WebApplicationContext，并提供一个 Mock 的 Servlet 环境，内置的 Servlet 容器并没有真正启动。RANDOM_PORT 选项用于加载 EmbeddedWebApplicationContext，并提供一个真实的 Servlet 环境。也就是说，会启动内置容器，然后使用的是随机端口。DEFINED_PORT 选项也是通过加载 EmbeddedWebApplicationContext 提供一个真实的 Servlet 环境，但使用的是默认

的端口,如果没有配置端口,就使用 8080;最后的 NONE 选项加载 ApplicationContext,但并不提供任何真实的 Servlet 环境。

2. @RunWith 注解与 SpringRunner

@RunWith 注解由 JUnit 框架提供,用于设置测试运行器。例如,可以通过 @RunWith(SpringJUnit4ClassRunner.class)让测试运行于 Spring 测试环境。日常开发过程中,我们指定的测试运行器一般是 SpringRunner.class。SpringRunner 实际上就是对 SpringJUnit4ClassRunner 的简化,允许 JUnit 和 Spring TestContext 整合运行,而 Spring TestContext 则是提供了用于测试 Spring 应用程序的各项通用的支持功能。本章后续的测试用例也将使用 SpringRunner 作为测试运行器。

3. @JsonTest 注解

为了确保服务的正确性,首先需要确保数据的正确性。在微服务架构中,我们使用 RESTful 风格的 HTTP 协议传输数据,通常,数据的序列化/反序列化方式采用的是 JSON。我们可以使用@JsonTest 注解测试 JSON 数据,该注解能够完成 JSON 数据文件和内存对象之间的自动映射和转换。

4. @DataJpaTest 注解

数据需要持久化,对于采用关系型数据库的应用而言,@DataJpaTest 注解会自动注入各种 Repository 类,并会初始化一个内存数据库以及访问该数据库的数据源,一般使用 h2 来充当这个内存数据库。

5. @WebMvcTest 注解

@WebMvcTest 注解将初始化测试 Controller 所必需的 Spring MVC 基础设施。测试 Controller 的目的在于验证多个端点返回数据的格式和内容。我们可以先定义 Controller,将会返回 JSON 结果,然后通过 perform()、accept()和 andExpect()组合方法最终模拟 HTTP 请求的整个过程,并验证结果的正确性。

以上注解在测试传统微服务架构中非常有用。关于这些注解的具体用法,可以参考笔者的《微服务架构实战》[11]一书,这里不再赘述。本章的重点是介绍如何在响应式编程环境中开展测试工作的方法和工具。

7.1.3 编写第一个测试用例

我们在 3.2.3 节中引入了 Lombok 框架,为了简单演示如何开展测试工作的方法,本节将编写第一个测试用例来验证 Lombok 框架工作机制的正确性。

本节继续使用 3.2.3 节中介绍的 Product 领域对象,该对象的定义如下。可以看到该类包含@Data、@AllArgsConstructor 和@NoArgsConstructor 三个 Lombok 注解,同时没有包含任何构造函数和 get()/set()方法对。

```
@Data
```

```
@AllArgsConstructor
@NoArgsConstructor
public class Product {
    @Id
    private String id;

    private String productCode;
    private String productName;
    private String description;
    private Float price;
}
```

测试用例在设计上需要考虑构造函数和 get()/set()方法对代码是否已经被成功植入到 Product 类中，测试用例代码如下。

```
public class ProductTest {

    @Test
    public void testLombok() {

        Product product = new Product("001", "Book001", "Microservie Practices",
            "New Book For Microservie By Tianyalan", 100F);

        assertThat(product.getId()).isEqualTo("001");
        assertThat(product.getProductCode()).isEqualTo("Book001");
        assertThat(product.getPrice()).isEqualTo(100F);
    }
}
```

以上测试代码中使用了 JUnit 框架提供的@Test 注解，然后使用 assertThat()工具方法验证正确性。

7.2 测试 Reactor 组件

Spring WebFlux 基于 Reactor 框架，首先需要确保 Reactor 数据流运行的正确性。为此，Reactor 框架提供了专门的 reactor-test 测试组件，在 pom 中引入该组件的方式如下。

```
<dependency>
    <groupId>io.projectreactor</groupId>
    <artifactId>reactor-test</artifactId>
    <scope>test</scope>
</dependency>
```

reactor-test 测试组件中的核心类是 StepVerifier，使用 StepVerifier 的示例代码如下。

```
Flux<String> helloWorld = Flux.just("Hello", "World");

@Test
public void testStepVerifier() {
    StepVerifier.create(helloWorld)
        .expectNext("Hello")
        .expectNext("World")
        .expectComplete()
        .verify();
}
```

上述代码展示了 StepVerifier 类的使用方法，包括如下步骤。
- 初始化：将已有的 Publisher 对象（Mono 或 Flux）传入 StepVerifier 的 create()方法。
- 设置正常数据流断言：多次调用 expectNext()、expectNextMatches()方法设置断言，验证 Publisher 对象每一步产生的数据是否符合预期。
- 设置完成数据流断言：调用 expectComplete()方法设置断言，验证 Publisher 是否满足正常结束的预期。
- 设置异常数据流断言：调用 expectError()方法设置断言，验证 Publisher 是否满足异常结束的预期。
- 启动测试：调用 verify()方法启动测试。

显然，上面的示例展示了正常场景下的测试方法。针对异常场景，我们也可以设计如下测试用例。

```
@Test
public void testStepVerifierWithError() {
    Flux<String> helloWorldWithException
        = helloWorld.concatWith(Mono.error(new IllegalArgumentException("exception")));

    StepVerifier.create(helloWorldWithException)
        .expectNext("Hello")
        .expectNext("World")
        .expectErrorMessage("exception")
        .verify();
}
```

这里使用了 2.4.6 节介绍的 concatWith 操作符拼接一个正常的 Flux 对象和一个代表系统异常的 Mono 对象，然后借助 StepVerifier 提供的 expectErrorMessage()方法对抛出的异常消息进行验证。

7.3 测试响应式 Repository 层组件

本书第 4 章完整介绍了如何构建响应式数据访问层组件，并演示了 MongoDB 和 Redis 这两个响应式数据库的使用方法。而本节关注如何对这些响应式数据访问层组件开展测试工作。我们将基于 MongoDB 来设计并执行测试用例。

与传统的关系型数据库一样，针对 MongoDB 的测试也有两种主流的方法，一种是基于内置的嵌入式（Embedded）数据库，另一种是基于真实的数据库。

7.3.1 测试内嵌式 MongoDB

1．引入 flapdoodle 依赖

flapdoodle 是一个内嵌式 MongoDB 数据库，与传统的关系型数据库中使用的 h2 内嵌式数据库类似。flapdoodle 允许我们在不使用真实的 MongoDB 数据库的情况下编写测试用例并执行测试。在 Maven 中引入 flapdoodle 依赖的方法如下。

```
<dependency>
    <groupId>de.flapdoodle.embed</groupId>
    <artifactId>de.flapdoodle.embed.mongo</artifactId>
    <scope>test</scope>
</dependency>
```

2．使用@DataMongoTest 注解

@DataMongoTest 注解会使用测试配置自动创建与 MongoDB 的连接以及 ReactiveMongoTemplate 工具类。@DataMongoTest 注解默认使用的就是基于 flapdoodle 的内嵌式 MongoDB 实例。

3．编写测试用例

本节中的测试对象是一个全新的 ProductReactiveRepository，使用 Product 作为领域对象。ProductReactiveRepository 封装了对 MongoDB 的各种操作，代码如下。

```java
public interface ProductReactiveRepository
        extends ReactiveMongoRepository<Product, String> {

    Mono<Product> getByProductCode(String productCode);
}
```

现在编写测试类 EmbeddedProductRepositoryTest，测试用例代码如下，@DataMongoTest 注解自动嵌入了 flapdoodle 数据库。

```java
@RunWith(SpringRunner.class)
@DataMongoTest
public class EmbeddedProductRepositoryTest {
```

```
@Autowired
ProductReactiveRepository repository;

@Autowired
MongoOperations operations;

@Before
public void setUp() {
    operations.dropCollection(Product.class);

    operations.insert(new Product("Product" + UUID.randomUUID().toString(),
        "Book001", "Microservie Practices",
        "New Book For Microservie By Tianyalan", 100F));
    operations.insert(new Product("Product" + UUID.randomUUID().toString(),
        "Book002", "Microservie Design",
        "Another New Book For Microservic By Tianyalan", 200F));

    operations.findAll(Product.class).forEach(product -> {
        System.out.println(product.toString());
    });
}

@Test
public void testGetByProductCode() {
    Mono<Product> product = repository.getByProductCode("Book001");

    StepVerifier.create(product)
        .expectNextMatches(results -> {
            assertThat(results.getProductCode())
                .isEqualTo("Book001");
            assertThat(results.getProductName())
                .isEqualTo("Microservie Practices");
            return true;
        });
}
```

可以看到，上述代码实际上由两部分组成，首先使用 MongoOperations 进行数据的初始化操作，我们已经在 4.3.3 节中看到过类似的操作。然后调用 ProductReactiveRepository 中的 getByProductCode()方法获取数据，并通过 StepVerifier 工具类执行测试，核心代码如下，这里使用了 expectNextMatches()方法来执行断言。

```
StepVerifier.create(product).expectNextMatches(results -> {
    assertThat(results.getProductCode()).isEqualTo("Book001");
```

```
        assertThat(results.getProductName()).isEqualTo("Microservie
    Practices");

    return true;
});
```

4. 查看测试日志

以上测试用例的编写和执行都比较简单，为了验证@DataMongoTest 注解是否生效以及 flapdoodle 数据库中具体生成的数据，我们有必要对执行测试用例过程中产生的日志进行分析，相关日志如下（为了显示效果，只选取了日志中的部分内容）。

```
...
[main] d.f.embed.process.runtime.Executable: start de.flapdoodle.embed.mongo
.config.MongodConfigBuilder$ImmutableMongodConfig@b0e5507
    [main] org.mongodb.driver.cluster: Cluster created with settings {hosts=
[localhost:63506], mode=MULTIPLE, requiredClusterType=UNKNOWN, serverSelection
Timeout='30000 ms', maxWaitQueueSize=500}
    [main] org.mongodb.driver.cluster: Adding discovered server localhost:63506 to client
view of cluster
    [Thread-6] o.s.b.a.mongo.embedded.EmbeddedMongo: 2018-06-28T11:58:16.853+0800
I NETWORK  [initandlisten] connection accepted from 127.0.0.1:63517 #1 (1 connection
now open)
    [localhost:63506] org.mongodb.driver.connection: Opened connection [connectionId
{localValue:1, serverValue:1}] to localhost:63506
    [localhost:63506] org.mongodb.driver.cluster: Monitor thread successfully
connected to server with description ServerDescription{address=localhost:63506,
type=STANDALONE, state=CONNECTED, ok=true, version=ServerVersion{versionList=
[3, 2, 2]}, minWireVersion=0, maxWireVersion=4, maxDocumentSize=16777216,
roundTripTimeNanos=1079505}
    [localhost:63506]  org.mongodb.driver.cluster:  Discovered  cluster  type  of
STANDALONE
    [main]  org.mongodb.driver.cluster:  Cluster  created  with  settings  {hosts=
[localhost:63506], mode=MULTIPLE, requiredClusterType=UNKNOWN, serverSelection
Timeout='30000 ms', maxWaitQueueSize=500}
    [main] org.mongodb.driver.cluster: Adding discovered server localhost:63506 to
client view of cluster
    [Thread-6] o.s.b.a.mongo.embedded.EmbeddedMongo: 2018-06-28T11:58:17.476+0800
I NETWORK  [initandlisten] connection accepted from 127.0.0.1:63518 #2 (2 connections
now open)
    [localhost:63506] org.mongodb.driver.connection: Opened connection [connectionId
{localValue:2, serverValue:2}] to localhost:63506
    [localhost:63506] org.mongodb.driver.cluster: Monitor thread successfully
connected to server with description ServerDescription
{address=localhost:63506, type=STANDALONE, state=CONNECTED, ok=true, version=
```

```
ServerVersion{versionList=[3, 2, 2]}, minWireVersion=0, maxWireVersion=4,
maxDocumentSize=16777216, roundTripTimeNanos=1720260}
 [localhost:63506] org.mongodb.driver.cluster: Discovered cluster type of
STANDALONE
[main] c.t.p.EmbeddedProductRepositoryTest: Started EmbeddedProductRepository
Test in 16.732 seconds (JVM running for 19.935)
 [Thread-6] o.s.b.a.mongo.embedded.EmbeddedMongo: 2018-06-28T11:58:18.870+0800 I
NETWORK  [initandlisten] connection accepted from 127.0.0.1:63520 #3 (3 connections
now open)
 [main] org.mongodb.driver.connection: Opened connection [connectionId
{localValue:3, serverValue:3}] to localhost:63506
 [Thread-6] o.s.b.a.mongo.embedded.EmbeddedMongo: 2018-06-28T11:58:18.898+
0800 I COMMAND  [conn3] CMD: drop test.product
Product(id=Product0045acef-1c6d-4d3b-b6e8-fcc8452a63a5, productCode=001, product
Name=Microservie Practices, description=New Book For Microservie By Tianyalan,
price=100.0)
Product(id=Product3fde724f-ea46-411f-9a63-e7778dcbbde4, productCode=002, product
Name=Microservie Design, description=Another New Book For Microservie By
Tianyalan, price=200.0)
...
```

从上述日志中可以清晰地看到，flapdoodle 正在运行，并且成功完成了数据初始化操作。

7.3.2 测试真实的 MongoDB

测试真实的 MongoDB 时不需要引入 flapdoodle 依赖，但同样需要使用@DataMongoTest 注解。

1. 编写测试用例

本节编写了 LiveProductRepositoryTest 类来对 ProductReactiveRepository 进行测试，LiveProductRepositoryTest 使用了真实的 MongoDB 数据库环境，代码如下。

```
@RunWith(SpringRunner.class)
@DataMongoTest(excludeAutoConfiguration =
    EmbeddedMongoAutoConfiguration.class)
public class LiveProductRepositoryTest {

    @Autowired
    ProductReactiveRepository repository;

    @Autowired
    MongoOperations operations;

    @Before
    public void setUp() {
        operations.dropCollection(Product.class);
```

```java
        operations.insert(new Product("Product" + UUID.randomUUID().
            toString(), "Book001", "Microservie Practices",
            "New Book For Microservie By Tianyalan", 100F));
        operations.insert(new Product("Product" + UUID.randomUUID().
            toString(), "Book002", "Microservie Design",
            "Another New Book For Microservie By Tianyalan", 200F));

        operations.findAll(Product.class).forEach(product -> {
            System.out.println(product.toString());
        });
    }

    @Test
    public void testGetByProductCode() {
        Mono<Product> product = repository.getByProductCode("Book001");

        StepVerifier.create(product).expectNextMatches(results -> {
            assertThat(results.getProductCode()).isEqualTo("Book001");
            assertThat(results.getProductName()).isEqualTo("Microservie
                Practices");
            return true;
        });
    }
}
```

相较 EmbeddedProductRepositoryTest 类，LiveProductRepositoryTest 类只有一个地方不同，即如下语句。

```
@DataMongoTest(excludeAutoConfiguration =
    EmbeddedMongoAutoConfiguration.class)
```

事实上，@DataMongoTest 注解能使 Spring Boot 中默认使用真实的 MongoDB 数据库的配置内容失效，而自动采用内嵌式的 flapdoodle 数据库。显然，为了测试真实环境的 MongoDB，我们需要把内嵌式的 flapdoodle 数据库转换到真实的 MongoDB 数据库。上述代码展示了这一场景下的具体做法，即使用 excludeAutoConfiguration 显式排除 EmbeddedMongoAutoConfiguration 配置。

2. 查看测试日志

执行 LiveProductRepositoryTest 中的测试用例，控制台日志如下（为了显示效果，只选取了日志中的部分内容）。

```
...
[main] org.mongodb.driver.cluster: Cluster created with settings {hosts=
[localhost:27017], mode=SINGLE, requiredClusterType=UNKNOWN, serverSelection
Timeout='30000 ms', maxWaitQueueSize=500}
```

```
[localhost:27017] org.mongodb.driver.connection: Opened connection [connection
Id{localValue:1, serverValue:1}] to localhost:27017
[localhost:27017] org.mongodb.driver.cluster: Monitor thread successfully
connected to server with description ServerDescription{address=localhost:
27017, type=STANDALONE, state=CONNECTED, ok=true, version=ServerVersion
{versionList=[3, 5, 11]}, minWireVersion=0, maxWireVersion=6, maxDocumentSize=
16777216, roundTripTimeNanos=1147469}
[main] org.mongodb.driver.cluster: Cluster created with settings {hosts=
[localhost:27017], mode=SINGLE, requiredClusterType=UNKNOWN, serverSelection
Timeout='30000 ms', maxWaitQueueSize=500}
[localhost:27017] org.mongodb.driver.connection: Opened connection [connection
Id{localValue:2, serverValue:2}] to localhost:27017
[localhost:27017] org.mongodb.driver.cluster: Monitor thread successfully
connected to server with description ServerDescription{address=localhost:
27017, type=STANDALONE, state=CONNECTED, ok=true, version=ServerVersion
{versionList=[3, 5, 11]}, minWireVersion=0, maxWireVersion=6, maxDocumentSize=
16777216, roundTripTimeNanos=1205239}
[main] c.t.product.LiveProductRepositoryTest: Started LiveProductRepository
Test in 7.406 seconds (JVM running for 10.265)
[main] org.mongodb.driver.connection: Opened connection [connectionId
{localValue:3, serverValue:3}] to localhost:27017
Product(id=Productf58e9490-af81-47f1-9a03-122b32250838, productCode=001, product
Name=Microservie Practices, description=New Book For Microservie By Tianyalan,
price=100.0)
Product(id=Product8376fba3-d41e-4b2f-894a-8ef8f2bbd309, productCode=002, product
Name=Microservie Design, description=Another New Book For Microservie By
Tianyalan, price=200.0)
…
```

从上述日志中已经看不到 flapdoodle 相关的任何信息，只看到数据的初始化过程。

7.4　测试响应式 Service 层组件

本节将基于上一节中介绍的 ProductReactiveRepository 类构建 Service 层组件，并设计相应的测试用例。首先，需要完成 Service 层组件 ProductService 类的编写，代码如下。

```
@Service
public class ProductService {

    @Autowired
    private ProductReactiveRepository productReactiveRepository;

    public Mono<Product> getProductByCode(String productCode) {

        return productReactiveRepository
```

```
            .getByProductCode(productCode);
    }

    public Mono<Void> deleteProductById(String id) {
        return productReactiveRepository.deleteById(id);
    }
}
```

对 ProductService 测试的难点在于如何隔离 ProductReactiveRepository，即我们希望在不进行真实数据访问操作的前提下仍然能够验证 ProductService 中方法的正确性。尽管 ProductService 中的 getProductByCode()方法逻辑非常简单，只是对 ProductReactiveRepository 中方法的封装，但从集成测试的角度讲，确保组件之间的隔离性是一条基本的测试原则。

以下代码演示了如何使用 Mock 机制完成对 ProductReactiveRepository 的隔离。首先通过 @MockBean 注解注入 ProductReactiveRepository，然后基于第三方 Mock 框架 mockito（http://site.mockito.org/）提供的 given/willReturn 机制完成对 ProductReactiveRepository 中 getProductByCode ()方法的 Mock。

```
@RunWith(SpringRunner.class)
@SpringBootTest
public class ProductServiceTest {

    @Autowired
    ProductService service;

    @MockBean
    ProductReactiveRepository repository;

    @Test
    public void testGetByProductCode() {
        Product mockProduct = new Product("001", "Book001", "Microservie
            Practices","New Book For Microservie By Tianyalan", 100F);

        given(repository.getByProductCode("Book001"))
            .willReturn(Mono.just(mockProduct));

        Mono<Product> product = service.getProductByCode("Book001");

        StepVerifier.create(product).expectNextMatches(results -> {
            assertThat(results.getProductCode()).isEqualTo("Book001");
            assertThat(results.getProductName()).isEqualTo("Microservie
                Practices");
            return true;
        }).verifyComplete();
```

                }
        }

在集成测试中，Mock 是一种常用策略。从上述代码中可以看到，Mock 的实现一般都会采用类似 mockito 的第三方框架，而具体 Mock 方法的行为则通过模拟的方式来实现。与使用桩代码不同，对于某一个或一些被测试对象所依赖的测试方法而言，编写 Mock 相对简单，只需要模拟被使用的方法即可。

7.5 测试响应式 Controller 层组件

下面再来讨论如何对 Controller 层组件进行测试。我们基于上一节中的 ProductService 来构建 ProductController，代码如下。

```
@RestController
public class ProductController {

    @Autowired
    ProductService productService;

    @DeleteMapping("/v1/products/{productId}")
    public Mono<Void> deleteProduct(@PathVariable String
       productId){

        Mono<Void> result = productService
           .deleteProductById(productId);
        return result;
    }

    @GetMapping("/v1/products/{productCode}")
    public Mono<Product> getProduct(@PathVariable String
       productCode) {

        Mono<Product> product = productService
           .getProductByCode(productCode);
        return product;
    }
}
```

在测试 ProductController 类之前，先介绍一个新的注解@WebFluxTest，该注解将初始化测试 Controller 组件所必需的 WebFlux 基础设施。@WebFluxTest 注解的使用方法如下，这里构建了 ProductControllerTest 类来测试 ProductController。

```
@RunWith(SpringRunner.class)
@WebFluxTest(controllers = ProductController.class)
public class ProductControllerTest {

    @Autowired
    WebTestClient webClient;
        …

}
```

默认情况下，@WebFluxTest 注解会确保所有包含@RestController 注解的 JavaBean 生成一个 Mock 的 Web 环境，但我们也可以指定想要使用的具体 Controller 类。例如，上述代码就显式指定了 ProductController 作为测试的具体目标类。

同时，@WebFluxTest 注解会自动注入 WebTestClient 工具类。WebTestClient 工具类专门用来测试 WebFlux Controller 组件，在使用上无须启动完整的 HTTP 容器。WebTestClient 工具类提供的常见方法如下。

- HTTP 请求方法：支持 get()、post()等常见的 HTTP 方法构造测试请求，并使用 uri()方法指定路由。
- exchange()方法：用于发起 HTTP 请求，返回一个 EntityExchangeResult。
- expectStatus()方法：用于验证返回状态，一般可以使用 isOk()方法来验证是否返回 200 状态码。
- expectBody()方法：用于验证返回对象体是否为指定对象，并利用 returnResult()方法获取对象。

ProductControllerTest 类的完整代码如下，我们把与测试相关的 import 语句也列在这里，以便读者了解各种工具类的由来。

```
import static org.assertj.core.api.Assertions.assertThat;
import static org.mockito.BDDMockito.given;
import static org.mockito.Mockito.verify;
import static org.mockito.Mockito.verifyNoMoreInteractions;

import org.junit.Test;
import org.junit.runner.RunWith;
import org.springframework.beans.factory.annotation.Autowired;
import org.springframework.boot.test.autoconfigure.web.reactive.WebFluxTest;
import org.springframework.boot.test.mock.mockito.MockBean;
import org.springframework.test.context.junit4.SpringRunner;
import org.springframework.test.web.reactive.server.EntityExchangeResult;
import org.springframework.test.web.reactive.server.WebTestClient;

import com.tianyalan.product.controllers.ProductController;
```

```java
import com.tianyalan.product.model.Product;
import com.tianyalan.product.services.ProductService;

import reactor.core.publisher.Mono;

@RunWith(SpringRunner.class)
@WebFluxTest(controllers = ProductController.class)
public class ProductControllerTest {

    @Autowired
    WebTestClient webClient;

    @MockBean
    ProductService service;

    @Test
    public void testGetByProductCode() {
        Product mockProduct = new Product("001", "Book001", "Microservie
            Practices","New Book For Microservie By Tianyalan", 100F);

        given(service.getProductByCode("Book001"))
            .willReturn(Mono.just(mockProduct));

        EntityExchangeResult<Product> result = webClient.get()
            .uri("http://localhost:8081/v1/products/{productCode}",
                "Book001").exchange().expectStatus()
            .isOk().expectBody(Product.class).returnResult();

        verify(service).getProductByCode("Book001");
        verifyNoMoreInteractions(service);

        assertThat(result.getResponseBody().getProductCode())
            .isEqualTo("Book001");
    }

    @Test
    public void testDeleteProduct() {
        given(service.deleteProductById("001")).willReturn(Mono.empty());

        webClient.delete()
            .uri("http://localhost:8081/v1/products/{productId}", "001")
            .exchange().expectStatus()
            .isOk().expectBody(Void.class).returnResult();

        verify(service).deleteProductById("001");
        verifyNoMoreInteractions(service);
```

        }
    }

上述代码中，我们首先通过 mockito 提供的 given/willReturn 机制完成对 ProductService 中相关方法的 Mock，然后通过 WebTestClient 工具类完成 HTTP 请求的发送和响应的解析。同时还使用了 mockito 中的 verify()和 verifyNoMoreInteractions()方法来验证 ProductService 在测试用例执行过程中的参与情况，这也是非常有用的一种实践技巧。

7.6　本章小结

关于响应式微服务架构的测试，我们需要考虑分层思想，即从数据流层出发分别对基于响应式的 Repository 层、Service 层以及 Controller 层进行测试。本章首先介绍了初始化测试环境的准备工作，然后分别给出了测试这些独立层组件的方法和示例。

在响应式微服务架构的测试过程中，测试注解发挥了核心作用。本章使用到的主要测试注解及其描述参见表 7-1。

表 7-1　本章所用的主要测试注解列表

注 解 名 称	注 解 描 述
@Test	JUnit 中使用的基础测试注解，用来标明所需要执行的测试用例
@RunWith	JUnit 框架提供的用于设置测试运行器的基础注解
@DataMongoTest	专门用于测试 MongoDB 的测试注解
@SpringBootTest	Spring Boot 应用程序专用的测试注解
@MockBean	用于实现 Mock 机制的测试注解
@WebFluxTest	专门用于测试 WebFlux 应用程序的测试注解

第 8 章

响应式微服务架构演进案例分析

本章将通过构建一个精简而又完整的案例系统来展示响应式微服务架构相关的设计理念和实现技术,本案例系统称为 PrescriptionSystem(处方系统),试图对医疗健康行业中常见的开处方业务进行抽象处理。现实环境中处方业务非常复杂,该案例的目的在于演示从业务领域分析到系统架构设计,再到系统实现的整个过程,不介绍具体业务逻辑。所以在业务领域建模上做了高度抽象,并不代表实际的应用场景。

为了更好地展示响应式微服务架构的特点,本章介绍案例分析的思路是先给出传统微服务架构的实现方法,然后在此基础之上结合响应式系统的编程模型和实现框架,以及本书从第 3 章至第 7 章介绍的响应式微服务架构的各个实现维度,详细阐述如何从传统微服务架构向响应式微服务架构演进的方法和工程实践。

8.1　PrescriptionSystem 案例简介

按照笔者所总结的实施微服务架构的基本模式[1],服务建模是案例分析的第一步。服务建模包括子域与界限上下文的划分,以及服务拆分和集成策略的确定。

PrescriptionSystem 包含的业务模型比较简单,来自日常生活中的就医场景。病人到医院就医,医生在诊断病人的病情之后会开具处方(Prescription),处方中包含药品(Medicine)信息。在医生确认处方的过程中,我们需要对药品信息和该用户的就诊卡(Card)信息的有效性进行验证。

从面向领域的角度进行分析,我们可以把该系统分成三个子域,分别是药品子域、处方子域和就诊卡子域。

(1)药品子域

药品子域即药品管理,医生可以查询药品,以便获取药品的详细信息,同时基于药品开具处方。系统管理员可以添加、删除和修改药品信息。

（2）处方子域

处方子域即处方管理，医生可以提交处方并查询自己所开具处方的相关信息。

（3）就诊卡子域

就诊卡子域即用户的就诊卡管理，我们可以通过注册用户并绑定就诊卡来拥有医院系统的合法身份，同时也可以修改或删除就诊卡，并提供就诊卡有效性验证的入口。

从子域的划分上讲，可以分成核心子域、通用子域和支撑子域三类型[9]。就诊卡子域比较明确，显然应该作为一种通用子域。而处方是 PrescriptionSystem 的核心业务，所以处方子域应该是核心子域。至于药品子域，这里比较倾向于归为支撑子域。从子域之间的上下游关系上看，处方子域需要同时依赖于药品子域和就诊卡子域，而药品子域和就诊卡子域之间不存在交互关系。三个子域的关系见图 8-1。

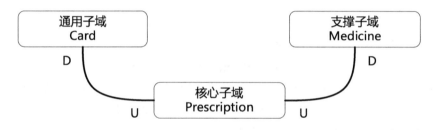

图 8-1　PrescriptionSystem 子域与界限上下文示意图

为简单起见，我们对每一个子域都提取一个微服务作为示例。基于以上分析，我们可以把 PrescriptionSystem 简单划分成三个微服务，即 MedicineService、PrescriptionService 和 CardService，图 8-2 展示了 PrescriptionSystem 的服务模型。在图 8-2 中，三个微服务之间需要基于 REST 进行跨服务之间的交互。

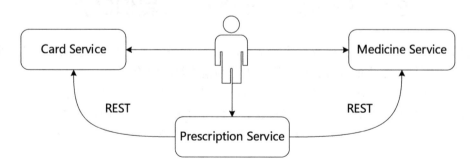

图 8-2　PrescriptionSystem 服务模型

以上三个微服务构成了 PrescriptionSystem 的业务主体，而围绕构建一个完整的微服务系统，我们还需要引入其他服务，这些服务从不同的角度为实现微服务架构提供了基础设施支持。本书介绍的关于 Spring Boot 和 Spring Cloud 的各项核心技术都会在该案例中得到体现。

8.2 传统微服务架构实现案例

本节内容将先使用传统的非响应式的微服务架构实现方式来构建 PrescriptionSystem 案例系统，完整代码可参考 https://github.com/tianminzheng/microservice-prescription-system。任何一个微服务架构都包含基础设施类服务和业务类服务，PrescriptionSystem 案例中的各个服务设计如表 8-1 所示。

表 8-1 PrescriptionSystem 服务列表

服 务 名 称	服 务 描 述	服 务 类 型
eureka-server	服务注册中心	基础服务
config-server	分布式配置中心	通用服务
zuul-server	服务网关服务器	通用服务
zipkin-server	Zipkin 服务器	通用服务
prescription-service	处方服务	业务服务
medicine-service	药品服务	业务服务
card-service	就诊卡服务	业务服务

我们首先简单介绍各种基础设施类服务，然后围绕三个核心业务服务给出其具体的实现方法。

8.2.1 构建基础设施类服务

在构建传统的微服务架构时，将采用 Spring Boot 2.0 之前的版本。本书中使用的是 1.4.4.RELEASE 的 Spring Boot 以及 Camden.SR5 的 Spring Cloud，对应的 Maven 依赖如下。

```
<parent>
    <groupId>org.springframework.boot</groupId>
    <artifactId>spring-boot-starter-parent</artifactId>
    <version>1.4.4.RELEASE</version>
</parent>

<dependencyManagement>
    <dependencies>
        <dependency>
            <groupId>org.springframework.cloud</groupId>
            <artifactId>spring-cloud-dependencies</artifactId>
            <version>Camden.SR5</version>
            <type>pom</type>
            <scope>import</scope>
```

```
        </dependency>
    </dependencies>
</dependencyManagement>
```

在 PrescriptionSystem 案例系统中，需要单独作为微服务进行构建的基础设施类服务包括注册中心、配置中心、服务网关和 Zipkin 服务。

1. 构建 Eureka 服务器

在构建 Eureka 服务器时，需要引入 Maven 依赖，然后构建 Bootstrap 类并提供相应的配置信息。

（1）引入 Maven 依赖

在 Camden.SR5 的 Spring Cloud 中，构建 Eureka 服务器所需的 Maven 依赖如下。请注意，把 spring-cloud-starter-eureka-server 组件与 6.1.1 节中所介绍的 spring-cloud-starter-netflix-eureka-server 组件进行区分。我们在 8.3 节介绍如何从传统的微服务架构向响应式微服务架构演进时还会再次强调 Eureka 组件在 Maven 依赖上的区别。

```xml
<dependency>
    <groupId>org.springframework.cloud</groupId>
    <artifactId>spring-cloud-starter-eureka-server</artifactId>
</dependency>
```

（2）构建 Bootstrap 类

构建 Bootstrap 类的方式比较简单，只需在如下的 EurekaServerApplication 类中添加 @EnableEurekaServer 注解即可。

```java
@SpringBootApplication
@EnableEurekaServer
public class EurekaServerApplication {

    public static void main(String[] args) {
        SpringApplication.run(EurekaServerApplication.class, args);
    }
}
```

（3）添加配置

最后，需要在 application.yml 配置文件中添加如下配置项，这些配置项的内容在 6.1.1 节中已有介绍，这里不再赘述。

```yaml
server:
  port: 8761

eureka:
  client:
    registerWithEureka: false
    fetchRegistry: false
```

```yaml
    serviceUrl:
      defaultZone: http://localhost:8761
```

2. 构建配置服务器

在构建配置服务器时，配置工作是重点。在介绍具体的配置方法之前，我们同样需要引入 Maven 依赖并构建 Bootstrap 类。

（1）引入 Maven 依赖

构建配置服务器时，需要引入的 Maven 依赖有两个，分别如下。

```xml
<dependency>
    <groupId>org.springframework.cloud</groupId>
    <artifactId>spring-cloud-config-server</artifactId>
</dependency>

<dependency>
    <groupId>org.springframework.cloud</groupId>
    <artifactId>spring-cloud-starter-config</artifactId>
</dependency>
```

（2）构建 Bootstrap 类

构建配置服务器的 Bootstrap 类时，一方面需要添加@EnableConfigServer 注解；另一方面，配置服务同样需要注册到 Eureka 中，所以也需要添加@EnableEurekaClient 注解。如下的 ConfigServerApplication 类就是典型的配置服务器 Bootstrap 类。

```java
@SpringBootApplication
@EnableEurekaClient
@EnableConfigServer
public class ConfigServerApplication {

    public static void main(String[] args) {
        SpringApplication.run(ConfigServerApplication.class, args);
    }
}
```

（3）添加配置

在案例中，当使用本地配置文件方案构建配置服务器时，在 src/main/resources 目录下创建一个 config 文件夹，再在该 config 文件夹下分别创建 cardservice、medicineservice 和 prescriptionservice 三个子文件夹。请注意，这三个子文件夹的名称必须与各个服务自身的名称完全一致。然后可以在这三个子文件夹下放置一个以服务名称命名的.yml 配置文件。当然，我们也可以在 medicineservice 文件夹下添加一个 medicineservice-test.yml 文件，用于指定 medicineservice 服务在测试环境时所需的各种配置信息。其他服务的配置方式也类似。

然后，我们在 application.yml 文件中通过 searchLocations 配置项指向各个配置文件的路径，具体如下。

```yaml
spring:
  application:
    name: configserver

server:
  port: 8888
spring:
  profiles:
    active: native
  cloud:
    config:
      server:
        native:
          searchLocations: classpath:config/
            classpath:config/prescriptionservice,
            classpath:config/medicineservice,
            classpath:config/cardservice
```

现在在 config/medicineservice/medicineservice_test.yml 配置文件中添加如下配置信息，这些配置信息用于设置测试环境下 MySQL 数据库访问的各项参数。

```yaml
spring:
  jpa:
    database: MYSQL
  datasource:
    platform: mysql
    url: jdbc:mysql://127.0.0.1:3306/microservice_medicine_test
    username: tianyalan
    password: test_pwd
    driver-class-name: com.mysql.jdbc.Driver
```

我们也可以根据需要在不同环境的配置文件中添加 Redis 缓存、消息中间件等各种工具所需的配置信息。

3. 构建 Zuul 网关服务器

在传统微服务架构实现方案中通常使用非响应式的 Spring Cloud Netflix Zuul 组件作为服务网关。在构建基于 Zuul 的网关服务器时，配置信息同样是我们的主要工作。

（1）引入 Maven 依赖

使用 Zuul 构建网关服务器时，需要引入的 Maven 依赖如下。

```xml
<dependency>
    <groupId>org.springframework.cloud</groupId>
    <artifactId>spring-cloud-starter-zuul</artifactId>
</dependency>
```

（2）构建 Bootstrap 类

创建 Bootstrap 类的代码如下。这里引入了一个新的注解@EnableZuulProxy，嵌入该注解的 Bootstrap 类将自动成为 Zuul 服务器的入口。

```
@SpringBootApplication
@EnableZuulProxy
public class ZuulServerApplication {

    public static void main(String[] args) {
        SpringApplication.run(ZuulServerApplication.class, args);
    }
}
```

@EnableZuulProxy 注解功能非常强大，基于该注解可以使用 Zuul 中的各种内置过滤器实现复杂的服务路由。

（3）添加配置

为了与 Eureka 进行交互，在 zuul-server 中，我们需要在 application.yml 配置文件中添加对 Eureka 的集成。同时 Zuul 会从 Eureka 中获取当前所有已注册的服务，然后自动生成服务名称与目标服务之间的映射关系。这里不使用这种自动映射的方式，而是通过配置进行手工映射，具体的配置方式如下。

```
spring:
  application:
    name: zuulservice

server:
  port: 5555

eureka:
  instance:
    preferIpAddress: true
  client:
    registerWithEureka: true
    fetchRegistry: true
    serviceUrl:
      defaultZone: http://localhost:8761/eureka/

zuul:
  prefix: /psp
  routes:
    prescriptionservice: /prescription/**
    medicineservice: /medicine/**
    cardservice: /card/**
```

以上配置项为 Medicine、Card 和 Prescription 这三个服务配置服务名称与请求地址之间的映射关系,可以看到,分别使用/medicine、/card、/prescription 来指定请求根地址。以 Prescription 服务为例,现在发送给 http://zuulservice:5555/prescription 端点下的任何请求就相当于发送给了 Eureka 中的 prescriptionservice 实例。

对服务路由而言,一个比较常见的需求场景是希望在各个服务请求地址中添加一个前缀,前缀有助于标识模块和子系统。这时候就可以用到 Zuul 提供的 "prefix" 配置项,上述配置示例将 "prefix" 配置项设置为 "/psp",代表所有配置的路由请求地址之前都会自动添加 "/psp" 前缀。

最后,我们还有必要提一下 Zuul 中集成 Hystrix 的方法,常见的场景就是设置服务访问的超时时间。我们可以在配置文件中添加 hystrix.command.default.execution.isolation.thread.timeoutInMilliseconds 配置项完成对经由 Zuul 的所有服务访问的 Hystrix 超时时间的设置。该配置项对 Zuul 中的所有服务均生效,如果想设置 prescriptionservice 等具体某一个服务的 Hystrix 超时时间,把 "hystrix.command.default" 段改为 "hystrix.command.prescriptionservice" 即可。

4. 构建 Zipkin 服务器

在 Spring Cloud Sleuth 中整合 Zipkin 也非常简单,通过搭建 Zipkin 服务器并为各个微服务集成 Zipkin 服务,即可完成准备工作。

(1) 引入 Maven 依赖

构建 Zipkin 服务器的第一步是创建一个新的 zipkin-server 工程,并添加 Zipkin 相关的 Maven 依赖,具体如下。

```xml
<dependency>
    <groupId>io.zipkin.java</groupId>
    <artifactId>zipkin-server</artifactId>
</dependency>

<dependency>
    <groupId>io.zipkin.java</groupId>
    <artifactId>zipkin-autoconfigure-ui</artifactId>
</dependency>
```

Zipkin 的监控数据存储组件支持多种实现方案。为简单起见,本书使用默认的内存存储来演示 Zipkin 的核心功能。读者如果需要支持某些特定的存储组件,则应该添加对应的 Maven 依赖,例如,使用 MySQL 存储组件就需要添加如下依赖。

```xml
<dependency>
    <groupId>io.zipkin.java</groupId>
    <artifactId>zipkin-autoconfigure-storage-mysql</artifactId>
</dependency>
```

(2) 构建 Bootstrap 类

添加完所需的依赖之后,就可以通过使用@EnableZipkinServer 注解来构建 Bootstrap 类,代码如下。

```
@SpringBootApplication
@EnableZipkinServer
public class ZipkinServerApplication {
    public static void main(String[] args) {

        SpringApplication.run(ZipkinServerApplication.class, args);
    }
}
```

(3)添加配置

假如需要将监控数据通过关系型数据库进行持久化,那么在引入 zipkin-autoconfigure-storage-mysql 依赖的同时,还需要在 application.yml 配置文件中添加配置项来完成 MySQL 存储组件的集成,配置内容如下。

```
zipkin:
  storage:
    type: mysql

spring:
  datasource:
    schema: classpath:/mysql.sql
    url:jdbc:mysql:// 127.0.0.1:3306/zipkin
    username: tianlayan
    password: default_pwd
```

至此,Zipkin 环境已经搭建完毕,我们可以通过访问 http://localhost:9411 来获取 Zipkin 所提供的所有可视化结果。

8.2.2 构建 Medicine 服务

在构建完基础设施类服务之后,从本节开始,我们将重心放在各个业务服务的构建上。在表 8-1 所示的三个业务服务中,首先介绍最简单的 Medicine 服务。

1. 引入 Maven 依赖

作为第一个业务服务,Medicine 服务中所使用的组件非常多,包含了构建一个完整微服务的各种 Maven 依赖。首先要把服务自身注册到 Eureka,需要添加如下依赖。

```
<dependency>
    <groupId>org.springframework.cloud</groupId>
    <artifactId>spring-cloud-starter-eureka</artifactId>
</dependency>
```

对于配置服务器而言，Medicine 服务是客户端组件，也需要进行初始化，我们将引入 Spring Cloud Config 的客户端组件 spring-cloud-config-client，具体如下。

```xml
<dependency>
    <groupId>org.springframework.cloud</groupId>
    <artifactId>spring-cloud-config-client</artifactId>
</dependency>
```

为了集成 Zipkin 服务器，在各个微服务中需要确保添加了对 Spring Cloud Sleuth 和 Zipkin 的 Maven 依赖，具体如下。

```xml
<dependency>
    <groupId>org.springframework.cloud</groupId>
    <artifactId>spring-cloud-starter-sleuth</artifactId>
</dependency>

<dependency>
    <groupId>org.springframework.cloud</groupId>
    <artifactId>spring-cloud-sleuth-zipkin</artifactId>
</dependency>
```

另外，我们也需要添加 spring-boot-starter-data-jpa、spring-boot-starter-web、spring-cloud-starter-hystrix 等基础组件的依赖。Medicine 服务中完整的 Maven 依赖如下。

```xml
<dependencies>
    <dependency>
        <groupId>org.springframework.boot</groupId>
        <artifactId>spring-boot-starter-data-jpa</artifactId>
    </dependency>

    <dependency>
        <groupId>org.springframework.boot</groupId>
        <artifactId>spring-boot-starter-web</artifactId>
    </dependency>

    <dependency>
        <groupId>org.springframework.boot</groupId>
        <artifactId>spring-boot-starter-actuator</artifactId>
    </dependency>

    <dependency>
        <groupId>org.springframework.cloud</groupId>
        <artifactId>spring-cloud-starter-eureka</artifactId>
    </dependency>

    <dependency>
        <groupId>org.springframework.cloud</groupId>
```

```xml
        <artifactId>spring-cloud-starter-feign</artifactId>
</dependency>

<dependency>
    <groupId>org.springframework.cloud</groupId>
    <artifactId>spring-cloud-starter-config</artifactId>
</dependency>

<dependency>
    <groupId>org.springframework.cloud</groupId>
    <artifactId>spring-cloud-config-client</artifactId>
</dependency>

<dependency>
    <groupId>org.springframework.cloud</groupId>
    <artifactId>spring-cloud-starter-hystrix</artifactId>
</dependency>

<dependency>
    <groupId>com.h2database</groupId>
    <artifactId>h2</artifactId>
</dependency>

<dependency>
    <groupId>mysql</groupId>
    <artifactId>mysql-connector-java</artifactId>
</dependency>
<dependency>
    <groupId>com.netflix.hystrix</groupId>
    <artifactId>hystrix-javanica</artifactId>
</dependency>

<dependency>
    <groupId>org.springframework.cloud</groupId>
    <artifactId>spring-cloud-starter-sleuth</artifactId>
</dependency>

<dependency>
    <groupId>org.springframework.cloud</groupId>
    <artifactId>spring-cloud-sleuth-core</artifactId>
</dependency>

<dependency>
    <groupId>org.springframework.cloud</groupId>
    <artifactId>spring-cloud-sleuth-zipkin</artifactId>
</dependency>
```

```
        </dependencies>
```

2. 构建 Bootstrap 类

接下来构建 Medicine 服务的 Bootstrap 类 MedicineApplication,代码如下。

```
@SpringBootApplication
@EnableEurekaClient
@EnableCircuitBreaker
public class MedicineApplication{

    public static void main(String[] args) {
        SpringApplication.run(ProductApplication.class, args);
    }
}
```

我们在 MedicineApplication 类中添加了@EnableEurekaClient 和@EnableCircuitBreaker 注解,分别用于与 Eureka 服务器进行交互,并自动添加服务熔断机制。

3. 构建 Repository 层

我们使用 Spring Data JPA 来实现基于 MySQL 的数据持久化,首先定义实体类 Medicine,具体如下。

```
@Entity
public class Medicine {
    @Id
    @GeneratedValue
    private Long id;

    private String medicineCode;
    private String medicineName;
    private String description;
    private Float price;
}
```

然后构建 Repository 类 MedicineRepository,这里直接扩展了 JpaRepository 接口,并添加一个方法名衍生查询,具体如下。

```
public interface MedicineRepository extends
    JpaRepository<Medicine, Long> {

     Medicine findByMedicineCode(String medicineCode);
}
```

4. 构建 Service 层

在 MedicineService 中,我们调用 MedicineRepository 中的 getMedicineByCode()方法根据药品编号获取药品信息,代码如下。

```java
@Service
public class MedicineService {

    @Autowired
    private MedicineRepository medicineRepository;

    @Autowired
    private Tracer tracer;

    public Medicine getMedicineByCode(String medicineCode) {

        Span newSpan = tracer.createSpan("getMedicineByCode");

        try {
            return medicineRepository
                .findByMedicineCode(medicineCode);
        }
        finally{
            newSpan.tag("peer.service", "database");
            newSpan.logEvent(org.springframework.cloud
                .sleuth.Span.CLIENT_RECV);
            tracer.close(newSpan);
        }
    }
}
```

请注意，上述代码演示了在服务调用链路中添加自定义跟踪的具体实现方法。使用 Spring Cloud Sleuth 实现自定义 Span 的过程可以使用 Tracer 接口。关于 Tracer 接口，我们已经在 6.1.6 节中做了详细介绍。我们知道可以通过 Tracer 接口创建 Span，并把该 Span 的相关信息推送给 Zipkin。现在，通过上述代码可以在 Medicine 服务的调用过程中添加一个名为 "getMedicineByCode" 的新 Span，以帮助构建更加详细的链路信息。

5. 构建 Controller 层

最后构建 Medicine 服务的 Controller 层，代码如下。我们通过 HTTP 端点传入药品编号，然后根据 MedicineService 获取药品详细信息。这里使用 "v1" 作为该 Controller 的版本。

```java
@RestController
@RequestMapping(value="v1/medicines")
public class MedicineController {

    private static final Logger logger = LoggerFactory
        .getLogger(MedicineController.class);

    @Autowired
    MedicineService medicineService;
```

```
    @Autowired
    private HttpServletRequest request;

    @RequestMapping(value = "/{medicineCode}", method = RequestMethod.GET)
    public Medicine getMedicine(@PathVariable String medicineCode) {

        logger.info("Get medicine by code: {} from port: {}", medicineCode,
            request.getServerPort());

        Medicine medicine = medicineService.getMedicineByCode(medicineCode);
        return medicine;
    }
}
```

6. 服务配置

为了确保 Medicine 服务能够正常运作,我们需要准备一系列的配置信息。根据 Spring Boot 的常见做法,服务配置信息一般会放置在 bootstrap.yml 和 application.yml 这两个配置文件中。

(1) bootstrap.yml

bootstrap.yml 配置文件内容如下,我们设置了服务的名称,该名称会存放在 Eureka 中并用于服务发现,同时也启动了服务配置功能。

```
spring:
  application:
    name: medicineservice
  profiles:
    active:
      default
  cloud:
    config:
      enabled: true
```

(2) application.yml

application.yml 中的配置信息相对比较丰富,我们指定服务的端口和对 Eureka 的访问信息,并添加对 Zipkin 服务器的引用,详细的配置内容如下。

```
server:
  port: 8081

eureka:
  instance:
    preferIpAddress: true
  client:
    registerWithEureka: true
```

```yaml
    fetchRegistry: true
    serviceUrl:
      defaultZone: http://localhost:8761/eureka/

spring:
  zipkin:
    baseUrl: http://localhost:9411
```

8.2.3 构建 Card 服务

Card 服务的作用是提供用户就诊卡的相关信息，用户可以对自己的就诊卡信息进行查询和修改。考虑到就诊卡改动频次比较低，所以在设计和实现上将引入事件驱动架构来管理用户就诊卡信息的更新操作。

1. 引入 Maven 依赖

作为一个独立的业务服务，Medicine 服务所依赖的组件 Card 服务都需要引入。同时，Card 服务还将使用 Spring Cloud Stream 作为事件驱动架构来实现基于 Kafka 的消息传递和处理，相关的 Maven 依赖如下。

```xml
<dependency>
    <groupId>org.springframework.cloud</groupId>
    <artifactId>spring-cloud-stream</artifactId>
</dependency>

<dependency>
    <groupId>org.springframework.cloud</groupId>
    <artifactId>spring-cloud-starter-stream-kafka</artifactId>
</dependency>
```

2. 构建 Bootstrap 类

Card 服务的 Bootstrap 类 CardApplication 如下，同样需要在该类中添加@EnableEurekaClient 和@EnableCircuitBreaker 注解。同时，我们还添加了@EnableBinding(Source.class)注解用来指明 Card 服务中包含了 Spring Cloud Stream 中的 Source 组件。关于@EnableBinding 注解的功能，已经在 5.2.3 节中做了详细介绍。

```java
@SpringBootApplication
@EnableEurekaClient
@EnableCircuitBreaker
@EnableBinding(Source.class)
public class CardApplication {

    public static void main(String[] args) {
        SpringApplication.run(AccountApplication.class, args);
    }
}
```

3．构建 Repository 层

Card 服务中的领域对象显然就是 Card 自身，Card 对象的定义如下。

```
@Entity
@Table(name = "card")
public class Card {

    @Id
    @GeneratedValue
    private Long id;

    private String cardCode;
    private String cardName;
}
```

我们构建 CardRepository 接口作为 Card 对象的持久化工具。CardRepository 接口非常简单，只是扩展了 Spring Data 中的 CrudRepository 接口并使用其提供的默认方法。

```
@Repository
public interface CardRepository extends CrudRepository<Card, Long> {

}
```

4．构建事件发送者

在案例 PrescriptionSystem 中，Card 服务管理用户的就诊卡信息，而就诊卡信息显然可以进行变更操作。一旦用户的就诊卡信息发生变更，一种处理方式是 Card 服务暴露接口供其他服务进行主动查询，这种处理方式显然无法实时跟踪就诊卡的变更状态和过程。这时可以将用户就诊卡变更这个动作建模成一个事件，并通过消息将该事件传播出去。

（1）用户就诊卡变更事件实现流程

在构建事件发送者之前，我们需要设计并实现使用 Spring Cloud Stream 发布消息的各个组件，包括 Source、Channel 和 Binder。图 8-3 展示了围绕用户就诊卡变更事件的整个实现流程。

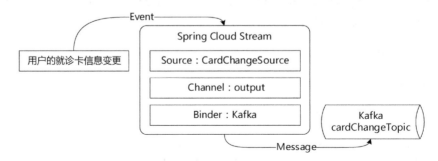

图 8-3　消息发布者实现流程

在图 8-3 中,当用户变更就诊卡信息时,Card 服务就会触发事件,然后该事件将通过 Spring Cloud Stream 进行传递。我们构建 CardChangeSource 来封装 Source 组件并完成将事件转变为 Spring Cloud Stream 中可以传递的消息。在图 8-3 中使用了默认的 Channel 进行消息发布,我们在 5.2.1 节中介绍 Spring Cloud Stream 的基本架构时提到 Source 组件默认使用名为"output"的 Channel,内部则是基于 Spring Integration 中所提供的通道定义。最后,Binder 组件作为与具体消息通信系统之间的一层黏合剂封装了 Kafka 这一消息中间件。Kafka 提供了 Topic 这一概念作为操作消息的基本入口,在图 8-3 中指定 Topic 名为"cardChangeTopic"。

(2)定义 Event

想要发送事件,首先需要定义事件。我们把用户的就诊卡信息变更事件命名为 CardChangedEvent,事件在命名上通常采用过去时态以表示该事件所代表的动作已经发生。CardChangedEvent 中包括事件类型、事件所对应的操作,以及事件中包含的业务领域对象。CardChangedEvent 类的定义如下。

```java
public class CardChangedEvent{

    private String type;
    private String operation;
    private Card card;

    public CardChangedEvent(String type, String operation, Card card) {
        super();
        this.type     = type;
        this.operation = operation;
        this.card = card;
    }…
}
```

CardChangedEvent 中的"type"字段代表事件类型,在一个系统中可能存在多种事件,我们通过该字段进行区分。而"operation"字段代表对 Card 的操作类型,当创建 Card 之后,一般的变更操作类型包括更新(Update)和删除(Delete),通过该字段区分具体的变更操作。最后"card"字段用来在不同服务之间传递整个 Card 领域对象。

(3)实现 Source

发送消息的实现类 CardChangeSource 代码如下,我们通过构造函数注入了 Spring Cloud Stream 提供的 Source 组件以实现消息发送。

```java
@Component
public class CardChangeSource {
    private Source source;

    private static final Logger logger =
        LoggerFactory.getLogger(CardChangeSource.class);
```

```java
    @Autowired
    public CardChangeSource(Source source){
        this.source = source;
    }

    private void publishCardChange(String operation, Card card){
        logger.debug("Sending message for Card Id: {}", card.getId());

        CardChangedEvent event = new CardChangedEvent(
            CardChangedEvent.class.getTypeName(),
            operation,
            card);

        source.output()
            .send(MessageBuilder.withPayload(event).build());
    }

    public void publishCardUpdatedEvent(Card card) {
        publishCardChange("UPDATE", card);
    }

    public void publishCardDeletedEvent(Card card) {
        publishCardChange("DELETE", card);
    }
}
```

从上述代码中可以看到，首先构建了 CardChangedEvent 事件，并通过 MessageBuilder 工具类将它转换为消息中间件所能发送的 Message 对象，然后通过 Source 接口的 output() 方法发布了该事件，这里的 output() 方法背后使用的就是一个具体的 Channel。我们也针对 Card 的更新和删除操作分别提供了两个独立的方法供 Service 层进行调用。

5. 构建 Service 层

接下来构建 CardService 类，该类代码如下。

```java
@Service
public class CardService {
    @Autowired
    private CardRepository cardRepository;

    @Autowired
    private CardChangeSource cardChangeSource;

    public Card getCardById(Long cardId) {
        return cardRepository.findOne(cardId);
    }
```

```java
public void saveCard(Card card){
    cardRepository.save(card);
}

public void updateCard(Card card){
    cardRepository.save(card);

    cardChangeSource.publishCardUpdatedEvent(card);
}

public void deleteCard(Card card){
    cardRepository.delete(card);

    cardChangeSource.publishCardDeletedEvent(card);
}
}
```

在 CardService 类中，一方面通过 CardRepository 实现数据的持久化操作。另一方面，当 Card 对象发生更新和删除时，我们调用 CardChangeSource 实现对变更操作的事件发送。

6. 构建 Controller 层

最后的 Controller 层组件 CardController 类如下，就是对 CardService 类的简单封装，这里不展开介绍。

```java
@RestController
@RequestMapping(value = "v1/cards")
public class CardController {
    @Autowired
    private CardService cardService;

    private static final Logger logger =
        LoggerFactory.getLogger(CardController.class);

    @RequestMapping(value = "/{cardId}", method = RequestMethod.GET)
    public Card getCard(@PathVariable("cardId") Long cardId) {

        logger.info("Get card by id: {} ", cardId);

        Card card = cardService.getCardById(cardId);
        return card;
    }

    @RequestMapping(value = "/", method = RequestMethod.PUT)
    public void updateCard(@RequestBody Card card) {
        cardService.updateCard(card);
```

```java
    }

    @RequestMapping(value = "/", method = RequestMethod.POST)
    public void saveCard(@RequestBody Card card) {
        cardService.updateCard(card);
    }

    @RequestMapping(value = "/{cardId}", method = RequestMethod.DELETE)
    @ResponseStatus(HttpStatus.NO_CONTENT)
    public void deleteCard(@PathVariable("cardId") Long cardId) {
        Card card = new Card();
        card.setId(cardId);

        cardService.deleteCard(card);
    }
}
```

7. 服务配置

（1）application.yml

在 application.yml 文件中，首先需要添加对 Eureka 服务器和 Zipkin 服务器的访问信息，这部分配置中各个业务服务都类似，在此不再展开。为了通过 CardChangeSource 将消息发送到正确的地址，需要在配置文件中配置 Binder 信息，相关配置项如下。

```
spring:
  cloud:
    stream:
      bindings:
        output:
          destination: cardChangeTopic
          content-type: application/json
        kafka:
          binder:
            zkNodes: localhost
            brokers: localhost
```

可以看到，这里的"bindings.output"配置段代表发布消息的 Channel，它的目标地址是"cardChangeTopic"。而"bindings.kafka"配置段则使用 Kafka 作为消息中间件平台，并将其所依赖的 Zookeeper 地址以及 Kafka 自身的地址都指向了本地。

（2）bootstrap.yml

bootstrap.yml 中配置项的各个业务服务也都类似，在此不再赘述。

8.2.4 构建 Prescription 服务

Prescription 服务是整个 PrescriptionSystem 系统的核心服务，通过验证药品信息和用户的就诊卡信息，医生就可以通过 Prescription 服务完成处方的开具工作。

1. 引入 Maven 依赖

作为一个独立的业务服务，Medicine 服务和 Card 服务所依赖的组件都需要引入到 Prescription 服务。同时，在 Prescription 服务中还将使用 Redis 对通过事件传入的用户就诊卡变更信息进行缓存，所以需要引入 Redis 相关依赖，具体如下。

```xml
<dependency>
    <groupId>org.springframework.data</groupId>
    <artifactId>spring-data-redis</artifactId>
</dependency>

<dependency>
    <groupId>redis.clients</groupId>
    <artifactId>jedis</artifactId>
</dependency>
```

2. 构建 Bootstrap 类

在 Prescription 服务的 Bootstrap 类中，我们需要引入 @EnableEurekaClient 和 @EnableCircuitBreaker 这两个基础注解。同时，Prescription 服务是 Card 服务的消费者，也需要使用 @EnableBinding 注解。显然，对消息消费者而言，@EnableBinding 注解所绑定的应该是 Sink 接口。PrescriptionApplication 类的完整代码如下。

```java
@SpringBootApplication
@EnableEurekaClient
@EnableCircuitBreaker
@EnableBinding(Sink.class)
public class PrescriptionApplication {

    @LoadBalanced
    @Bean
    public RestTemplate getRestTemplate() {
        return new RestTemplate();
    }

    @Bean
    @SuppressWarnings({ "rawtypes" })
    public RedisTemplate redisTemplate(
        RedisConnectionFactory redisConnectionFactory)
         throws UnknownHostException {
        RedisTemplate<Object, Object> template =
            new RedisTemplate<Object, Object>();
        template.setConnectionFactory(redisConnectionFactory);

        return template;
```

```
    }

    public static void main(String[] args) {
        SpringApplication.run(PrescriptionApplication.class, args);
    }
}
```

在 PrescriptionApplication 类中可以看到,使用@LoadBalanced 注解初始化了 RestTemplate 对象。我们知道,RestTemplate 是 Spring 框架中用于处理 HTTP 请求和响应的工具类,服务消费者通过使用被@LoadBalanced 注解修饰过的 RestTemplate,就可以自动实现服务调用过程中的负载均衡。@LoadBalanced 注解在这里的作用就是用来给 RestTemplate 添加一种修饰,以便通过拦截的方式将代码执行流程导向负载均衡客户端 LoadBalanceClient 类。在 6.1.2 节中已经对@LoadBalanced 注解和 LoadBalanceClient 类做了详细的讨论。另一方面,我们也在 PrescriptionApplication 类中初始化了 RedisTemplate 作为访问 Redis 的基础工具类。

3. 构建 Repository 层

在 Prescription 服务中,我们需要构建两个 Repository,一个用来处理基于关系型数据库的 MySQL Repository,另一个则是用来处理缓存的 Redis Repository。

(1) MySQL Repository

Prescription 服务中的核心领域对象就是 Prescription,定义如下,包含了对 medicineId 和 cardId 的引用。

```
@Entity
public class Prescription {

    @Id
    @GeneratedValue
    private Long id;
    private Date createTime;
    private Long cardId;
    private Long medicineId;
}
```

PrescriptionRepository 类也非常简单,我们对 JpaRepository 接口进行简单扩展,即可满足需求。

```
public interface PrescriptionRepository extends JpaRepository<Prescription,
    Long> {

}
```

(2) Redis Repository

针对 Redis 的数据访问,首先定义一个接口类 CardRedisRepository,具体如下。

第 8 章 响应式微服务架构演进案例分析

```java
public interface CardRedisRepository {
    void saveCard(Card card);

    void updateCard(Card card);

    void deleteCard(Long cardId);

    Card findCardById(Long cardId);
}
```

然后提供该接口的实现类如下。

```java
@Repository
public class CardRedisRepositoryImpl implements
    CardRedisRepository {
    private static final String HASH_NAME ="card";

    private RedisTemplate<String, Card> redisTemplate;
    private HashOperations<String, Long, Card> hashOperations;

    public CardRedisRepositoryImpl(){
        super();
    }

    @Autowired
    private CardRedisRepositoryImpl(RedisTemplate<String, Card>
        redisTemplate) {
        this.redisTemplate = redisTemplate;
    }

    @PostConstruct
    private void init() {
        hashOperations = redisTemplate.opsForHash();
    }

    @Override
    public void saveCard(Card card) {
        hashOperations.put(HASH_NAME, card.getId(), card);
    }

    @Override
    public void updateCard(Card card) {
        hashOperations.put(HASH_NAME, card.getId(), card);
    }

    @Override
```

```java
    public void deleteCard(Long cardId) {
        hashOperations.delete(HASH_NAME, cardId);
    }

    @Override
    public Card findCardById(Long cardId) {
        return (Card) hashOperations.get(HASH_NAME, cardId);
    }
}
```

上述实现方式中，我们使用了 Spring Data 提供的 RedisTemplate 和 HashOperations 工具类来封装对 Redis 的数据操作。

4．构建服务调用客户端

在开具处方之前，Prescription 服务首先需要对药品和用户的就诊卡信息的有效性进行验证，这里就涉及微服务架构中服务与服务之间的交互。我们将在 Prescription 服务中分别构建访问 Medicine 服务的客户端组件 MedicineClient 以及访问 Card 服务的 CardClient 组件。

（1）MedicineClient

MedicineClient 类的完整代码如下，请注意，"http://localhost:5555/psp/medicine/v1/medicines/{medicineCode}" 中的 "psp/medicine" 就是通过 Zuul 网关之后暴露给各个客户端访问的 Medicine 服务的地址。

```java
@Component
public class MedicineClient {

    @Autowired
    RestTemplate restTemplate;

    private static final Logger logger =
        LoggerFactory.getLogger(MedicineClient.class);

    public Medicine getProduct(String medicineCode){

        logger.debug("Get product: {}", medicineCode);

        ResponseEntity<Medicine> restExchange =
            restTemplate.exchange("http://localhost:5555/
                psp/medicine/v1/medicines/{medicineCode}",
                HttpMethod.GET,
                null, Medicine.class, medicineCode);

        Medicine medicine = restExchange.getBody();

        return medicine;
    }
}
```

上述代码首先注入 RestTemplate，然后通过 RestTemplate 的 exchange()方法对 Medicine 服务进行远程调用。请注意，这里的 RestTemplate 已经具备了客户端负载均衡功能，因为我们在 PrescriptionApplication 类中创建该 RestTemplate 时添加了@LoadBalanced 注解。

（2）CardClient

CardClient 的代码如下，在处理流程上相对比较复杂。首先看到通过 RestTemplate，CardClient 也能够对 Card 服务暴露的端口 http://localhost:5555/psp/card/v1/cards/{cardId}进行访问，这点和 MedicineClient 完全一致。

```
@Component
public class CardClient {

    private static final Logger logger =
        LoggerFactory.getLogger(CardClient.class);

    @Autowired
    RestTemplate restTemplate;

    @Autowired
    CardRedisRepository cardRedisRepository;

    private Card getCardFromCache(Long cardId) {
        try {
            return cardRedisRepository.findCardById(cardId);
        }
        catch (Exception ex){
            return null;
        }
    }

    private void putCardIntoCache(Card card) {
        try {
            cardRedisRepository.saveCard(card);
        }catch (Exception ex){
        }
    }

    public Card getCard(Long cardId){

        logger.debug("Get card: {}", cardId);

        Card card = getCardFromCache(cardId);
        if (card != null){
            return card;
        }
```

```
        ResponseEntity<Card> restExchange =
            restTemplate.exchange(
                "http://localhost:5555/psp/card/v1/cards/{cardId}",
                HttpMethod.GET,
                null, Card.class, cardId);

        card = restExchange.getBody();

        if (card != null) {
            putCardIntoCache(card);
        }

        return card;
    }
}
```

另一方面,我们知道用户的就诊卡信息变更是一个低频事件,而每次通过 RestTemplate 实现远程调用的成本很高且没有必要,这时可以通过对就诊卡信息进行缓存处理,从而提升性能。在上述代码中,我们在进行远程调用之前先判断该 Card 对象是否已经在缓存中,如果没有,再请求 Card 服务。而一旦获取有效的 Card 信息,getCard()方法会把 Card 信息放在缓存中以便下次直接从缓存中提取信息。

5. 构建事件接收者

getCard()方法存在一个明显的问题,即一旦用户的就诊卡信息发生变更,如何确保缓存中的数据与变更后的数据保持一致?这需要我们构建 CardChangedEvent 事件的接收者来实现对该就诊卡信息的实时更新。

(1)使用自定义通道

在上一节介绍的消息发布示例中,使用了 Source 组件默认提供的"output"通道。这里将不使用 Sink 组件默认提供的"input"通道,而是尝试通过自定义通道的方式来实现消息消费。在 Spring Cloud Stream 中,实现自定义通道的方法也非常简单,只需要定义一个新的接口,并在该接口中通过@Input 注解声明一个新的 Channel 即可。例如,可以定义一个新的 CardChangedChannel 接口,然后通过@Input 注解就可以声明一个"inboundCardChanges"通道,代码如下。

```
public interface CardChangedChannel {

    @Input("inboundCardChanges")
    SubscribableChannel cardChangedChannel();
}
```

注意,这里使用的通道类型为 Spring Integration 提供的面向消息订阅者的 SubscribableChannel。

(2)构建 Sink 组件

我们实现 CardChangedHandler 组件来负责处理具体的消息消费逻辑,代码如下。首先看到了熟悉的@EnableBinding 注解,这里使用该注解绑定了自定义的 CardChangedChannel。这也是@EnableBinding 注解的另一种常见用法,即把该注解与具体的事件处理程序进行绑定使用。

```java
@EnableBinding(CardChangedChannel.class)
public class CardChangedHandler {

    @Autowired
    private CardRedisRepository cardRedisRepository;

    private static final Logger logger =
        LoggerFactory.getLogger(CardChangeHandler.class);

    @StreamListener("inboundCardChanges")
    public void cardChangeSink(CardChangeModel cardChange) {

        logger.debug("Received a message of type " + cardChange.getType());
        logger.debug("Received a {} event from the card service for card id {}",
            cardChange.getOperation(),
            cardChange.getCard().getId());

        if(cardChange.getOperation().equals("SAVE")) {
            cardRedisRepository.saveCard(cardChange.getCard());
        } else if(cardChange.getOperation().equals("UPDATE")) {
            cardRedisRepository.updateCard(cardChange.getCard());
        } else if(cardChange.getOperation().equals("DELETE")) {
            cardRedisRepository.deleteCard(cardChange.getCard().getId());
        } else {
            logger.error("Received an UNKNOWN event from the card service of
                type {}", cardChange.getType());
        }
    }
}
```

在上述代码中,我们还看到了@StreamListener 注解,在 5.2.4 节中已经介绍过该注解。将该注解添加到某个方法上就可以使之接收通过消息中间件传递过来的事件。在上面的例子中,我们演示了@StreamListener 注解的一种使用技巧,即在该注解中直接传入自定义通道名称"inboundCardChanges"。但这种用法和传入 Sink.INPUT 实际是一样的,因为 Sink.INPUT 使用的就是默认的"input"通道。这里指定"inboundCardChanges"通道来接收所有流进该通道的消息,然后这些消息将由 cardChangeSink()方法进行统一处理。而在 cardChangeSink()方法中,我们调用前面的 CardRedisRepository 完成各种缓存相关的处理。

6. 构建 Service 层

PrescriptionService 类中包含了开具处方的核心业务，我们可以先创建 addPrescription() 方法来抽象主体业务逻辑。addPrescription() 方法的框架如下。

```java
public Prescription addPrescription(Long cardId, String medicineCode) {

    Prescription prescription = new Prescription();

    Medicine medicine = getMedicine(medicineCode);
    …

    Card card = getCard(cardId);
    …

    prescription.setCardId(cardId);
    prescription.setMedicineId(medicine.getId());
    …

    prescriptionRepository.save(prescription);

    return prescription;
}
```

以上代码中的 getCard() 方法和 getMedicine() 方法将分别使用 CardClient 和 MedicineClient 类。为了防止远程访问出错导致服务之间的调用发生雪崩效应，还对 getCard() 方法和 getMedicine() 方法分别集成了 Hystrix 以实现服务熔断，这里简单使用 @HystrixCommand 注解来实现这一目标，具体如下。

```java
@HystrixCommand
private Card getCard(Long cardId) {

    return cardClient.getCard(cardId);
}

@HystrixCommand
private Medicine getMedicine(String medicineCode) {

    return medicineClient.getMedicine(medicineCode);
}
```

这样就把包含三个业务微服务的整个开具处方流程串接起来了，整个过程的时序图如图 8-4 所示。

第 8 章 响应式微服务架构演进案例分析

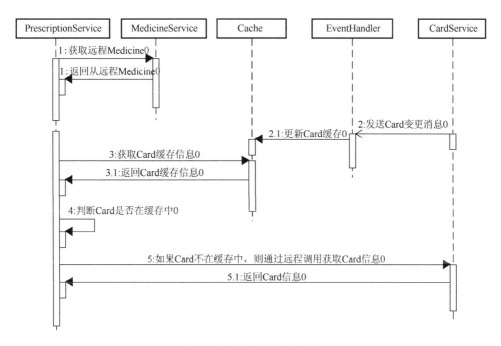

图 8-4 开具处方流程时序图

完整的 PrescriptionService 类代码如下，读者可参考图 8-4 中的整个业务流程完成对各个组件实现方法的梳理。

```
@Service
public class PrescriptionService {

    @Autowired
    private PrescriptionRepository prescriptionRepository;

    @Autowired
    private MedicineClient medicineClient;

    @Autowired
    private CardClient cardClient;

    private static final Logger logger =
        LoggerFactory.getLogger(PrescriptionService.class);

    @HystrixCommand
    private Card getCard(Long cardId) {

        return cardClient.getCard(cardId);
    }
```

```java
@HystrixCommand
private Medicine getMedicine(String medicineCode) {
    return medicineClient.getMedicine(medicineCode);
}

public Prescription addPrescription(Long cardId, String medicineCode) {
    logger.debug("addPrescription with card: {} and medicine: {}", cardId,
        medicineCode);

    Prescription prescription = new Prescription();

    Medicine medicine = getMedicine(medicineCode);
    if (medicine == null) {
        return prescription;
    }

    logger.debug("get medicine: {} is successful", medicineCode);

    Card card = getCard(cardId);
    if (card == null) {
        return prescription;
    }

    logger.debug("get card: {} is successful", cardId);

    prescription.setCardId(cardId);
    prescription.setMedicineId(medicine.getId());
    prescription.setCreateTime(new Date());

    prescriptionRepository.save(prescription);

    return prescription;
}

@HystrixCommand(fallbackMethod = "getPrescriptionsFallback")
public List<Prescription> getPrescriptions(int pageIndex,
    int pageSize) {

    return prescriptionRepository.findAll(
        new PageRequest(pageIndex - 1, pageSize)).getContent();
}

private List<Prescription> getPrescriptionsFallback(int pageIndex,
    int pageSize) {
```

```java
        List<Prescription> fallbackList = new ArrayList<>();

        Prescription order = new Prescription();
        order.setId(0L);
        order.setCardId(0L);
        order.setMedicineId(0L);
        order.setCreateTime(new Date());

        fallbackList.add(order);
        return fallbackList;
    }

    public Prescription getPrescriptionById(Long id) {
        return prescriptionRepository.findOne(id);
    }
}
```

7. 构建 Controller 层

最后，通过 PrescriptionService 提供的核心方法完成 PrescriptionController 类的构建，代码如下。

```java
@RestController
@RequestMapping(value="v1/prescriptions")
public class PrescriptionController {
    @Autowired
    private PrescriptionService prescriptionService;

    @RequestMapping(value = "/{cardId}/{medicineCode}", method =
        RequestMethod.POST)
    public Prescription savePrescription(@PathVariable("cardId") Long cardId,
        @PathVariable("medicineCode") String medicineCode) {
        Prescription prescription = prescriptionService
            .addPrescription(cardId, medicineCode);
        return prescription;
    }

    @RequestMapping(value = "/{id}", method = RequestMethod.GET)
    public Prescription getPrescription(@PathVariable Long id) {
        Prescription prescription = prescriptionService.getPrescriptionById(id);

        return prescription;
    }

    @RequestMapping(value = "/{pageIndex}/{pageSize}", method = RequestMethod.GET)
    public List<Prescription> getPrescriptionList( @PathVariable("pageIndex")
        int pageIndex, @PathVariable("pageSize") int pageSize) {
```

```
        List<Prescription> prescriptions = prescriptionService
            .getPrescriptions(pageIndex, pageSize);

        return prescriptions;
    }
}
```

现在，我们可以访问 PrescriptionController 中提供的类似 http://localhost:5555/psp/prescription/v1/prescriptions/1/medicine001 形式的端点来创建 Prescription。

8. 服务配置

（1）application.yml

与 Card 服务类似，Prescription 服务的 application.yml 文件中包含如下配置信息。

```yaml
server:
  port: 8083

eureka:
  instance:
    preferIpAddress: true
  client:
    registerWithEureka: true
    fetchRegistry: true
    serviceUrl:
      defaultZone: http://localhost:8761/eureka/

zipkin:
  baseUrl: http://localhost:9411

spring:
  cloud:
    stream:
      bindings:
        inboundCardChanges:
          destination: cardChangeTopic
          content-type: application/json
      binder:
        zkNodes: localhost
        brokers: localhost
```

以上配置信息中，"bindings"段中的通道名称使用了自定义的"inboundCardChanges"。

（2）bootstrap.yml

bootstrap.yml 中的配置项和 Card 服务类似，在此不再赘述。

8.3 响应式微服务架构演进案例

在上一节介绍构建传统微服务架构的基础之上，本节将介绍响应式微服务架构演进的过程和实践。图 8-5 列出了我们需要做的工作，包括更新基础设施类服务、更新数据访问方式、更新事件通信方式和更新服务调用方式 4 个核心步骤。

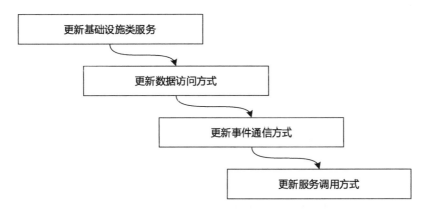

图 8-5　向响应式微服务架构演进 4 大核心步骤

本节将继续使用 PrescriptionSystem 案例，并基于全书各章节内容对以上 4 个步骤做具体展开，改造后的完整代码示例可参考网址 https://github.com/tianminzheng/reactive-microservice-prescription-system。

8.3.1　更新基础设施类服务

对基础设施类服务而言，我们将继续沿用 Eureka 服务、Config 服务以及 Zipkin 服务，但因为 Zuul 是基于非响应式架构构建的服务网关，需要使用 Spring Cloud Gateway 组件对其进行替换。在此之前，我们同样需要更新各个服务的版本和依赖关系，同时使用全新的 @SpringCloudApplication 注解。

1. 更新服务依赖

Spring Boot 和 Spring Cloud 是构建微服务架构的基础组件，但 1.4.4.RELEASE 版本的 Spring Boot 和 Camden.SR5 版本的 Spring Cloud 并不支持响应式编程模型。为了实现响应式微服务架构，我们需要对它们进行版本升级。本书使用的 Spring Boot 和 Spring Cloud 版本分别是 2.0.6.RELEASE 和 Finchley.SR2，对应的 Maven 依赖如下。注意两者之间的版本存在一定的对应关系，读者可以参考 Spring Cloud 的官方网站（https://spring.io/projects/spring-cloud）获取最新的组件版本及其对应关系。

```
<parent>
    <groupId>org.springframework.boot</groupId>
```

```xml
    <artifactId>spring-boot-starter-parent</artifactId>
    <version>2.0.6.RELEASE</version>
    <relativePath />
</parent>

<dependencyManagement>
    <dependencies>
        <dependency>
            <groupId>org.springframework.cloud</groupId>
            <artifactId>spring-cloud-dependencies</artifactId>
            <version>Finchley.SR2</version>
            <type>pom</type>
            <scope>import</scope>
        </dependency>
    </dependencies>
</dependencyManagement>
```

另一方面，我们注意到在 Finchley.SR2 的 Spring Cloud 中，部分组件的命名做了调整，这里也罗列一些常见组件的调整内容供读者参考。

在 Camden.SR5 等较老版本的 Spring Cloud 中构建 Eureka 服务器的组件为 spring-cloud-starter-eureka-server，而在 Finchley.SR2 中，该组件的名称为 spring-cloud-starter-netflix-eureka-server。同样，对应的 Eureka 客户端组件名称也需要从 spring-cloud-starter-eureka 更新为 spring-cloud-starter-netflix-eureka-client。Maven 依赖如下。

```xml
<dependency>
    <groupId>org.springframework.cloud</groupId>
    <artifactId>spring-cloud-starter-netflix-eureka-server
    </artifactId>
</dependency>

<dependency>
    <groupId>org.springframework.cloud</groupId>
    <artifactId>spring-cloud-starter-netflix-eureka-client
    </artifactId>
</dependency>
```

对 Hystrix 而言，我们需要把 spring-cloud-starter-hystrix 组件名称调整为 spring-cloud-starter-netflix-hystrix，具体如下。

```xml
<dependency>
    <groupId>org.springframework.cloud</groupId>
    <artifactId>spring-cloud-starter-netflix-hystrix</artifactId>
</dependency>
```

对于包含 MongoDB 和 Redis 在内的 Spring Data，以及用于消息通信的 Spring Cloud Stream

等组件而言，为了引入响应式编程模型，我们需要在原有组件名称上添加"-reactive"后缀，相关组件的 Maven 依赖如下。

```xml
<dependency>
    <groupId>org.springframework.boot</groupId>
    <artifactId>spring-boot-starter-data-mongodb-reactive</artifactId>
</dependency>

<dependency>
    <groupId>org.springframework.boot</groupId>
    <artifactId>spring-boot-starter-data-redis-reactive
    </artifactId>
</dependency>

<dependency>
    <groupId>org.springframework.cloud</groupId>
    <artifactId>spring-cloud-stream-reactive</artifactId>
</dependency>
```

2. 使用@SpringCloudApplication 注解

我们知道，Spring Cloud 构建在 Spring Boot 之上。同时，服务注册和发现是进行微服务治理的基础，而且在服务调用之间势必需要引入熔断器机制确保服务容错。在 Spring Cloud 看来，Spring Boot 基础设施、服务治理和服务容错是每一个微服务所必须具备的核心功能。所以，Spring Cloud 推出了一个全新的注解@SpringCloudApplication 来集成这三个核心功能。@SpringCloudApplication 注解定义如下。

```
@Target(ElementType.TYPE)
@Retention(RetentionPolicy.RUNTIME)
@Documented
@Inherited
@SpringBootApplication
@EnableDiscoveryClient
@EnableCircuitBreaker
public @interface SpringCloudApplication {
}
```

可以看到，@SpringCloudApplication 是一个组合注解，整合了@SpringBootApplication、@EnableDiscoveryClient 和@EnableCircuitBreaker 这三个微服务所需的核心注解，我们可以直接使用该注解来简化代码。

3. 更新服务网关

为了升级案例，唯一需要替换的基础设施类组件就是服务网关。前面介绍的传统微服务架构实现方式上使用 Zuul 作为服务网关，这里将引入 Spring Cloud Gateway 来替换 Zuul 以更好地支持响应式服务调用。我们在 6.1.4 节中介绍了使用 Spring Cloud Gateway 构建服务网关的具体方法。下面主要基于案例对配置信息做相应的调整，调整后的完整配置信息如下。

```yaml
server:
  port: 5555

eureka:
  instance:
    preferIpAddress: true
  client:
    registerWithEureka: true
    fetchRegistry: true
    serviceUrl:
      defaultZone: http://localhost:8761/eureka/

spring:
  cloud:
    gateway:
      discovery:
        locator:
          enabled: true
      routes:
      - id: cardservice
        uri: lb://cardservice
        predicates:
        - Path=/card/**
        filters:
        - RewritePath=/card/(?<path>.*), /$\{path}
      - id: medicineservice
        uri: lb://medicineservice
        predicates:
        - Path=/medicine/**
        filters:
        - RewritePath=/medicine/(?<path>.*), /$\{path}
      - id: prescriptionservice
        uri: lb://prescriptionservice
        predicates:
        - Path=/prescription/**
        filters:
        - RewritePath=/prescription/(?<path>.*), /$\{path}
```

Spring Cloud Gateway 提供了两种对服务路由进行配置的方法，即过滤器和谓词。谓词用于将 HTTP 请求与路由进行匹配，而过滤器可以在发送下游请求之前或之后修改请求和响应。在上述配置中，我们启用了服务发现机制，并根据服务注册中心保存的服务名称和地址定义了三条路由规则 medicineservice、cardservice 和 prescriptionservice，分别对应 Medicine 服务、Card 服务和 Prescription 服务。这里也通过在各个服务名称前面加上"lb://"来实现客户端负载均衡。

同时，我们使用 Path Route Predicate 工厂来匹配传入的请求，以及使用 RewritePath GatewayFilter 工厂来对请求路径实现重定向，以提供面向下游服务的公开路径。这样，每个微服务自身通过根路径"/"来暴露服务，而通过服务网关暴露它们时，则分别在路径上添加了/medicine、/card 和/prescription 前缀。基于这些路由配置，假如 Medicine 服务中存在一个端点为 http://localhost:8081/v1/medicines/Medicine001，那么通过网关服务进行访问的地址就应该是 http://localhost:5555/medicine/v1/medicines/Medicine001。其他服务和端点的访问方式也类似。

8.3.2 更新数据访问方式

在 8.2 节介绍的 PrescriptionSystem 案例中，我们使用关系型数据库 MySQL 来存储 Medicine、Card 和 Prescription 服务所使用的业务数据。我们知道传统的关系型数据库不支持响应式处理方式，所以需要对数据访问层组件做更新。我们将使用 MongoDB 来存储业务数据，同时也需要对 Redis 缓存组件做相应的调整，以便支持响应式数据访问。

1. 更新基于 MongoDB 的响应式数据访问方式

我们需要对 Medicine、Card 和 Prescription 这三个微服务全部进行从 MySQL 到 MongoDB 的改造，改造的步骤包括重新定义领域模型类以及重构 Repository 层组件。对 Medicine 服务和 Card 服务而言，我们还会给出如何进行数据初始化的操作方式。

（1）Medicine 服务的 MongoDB 改造

Medicine 服务中的领域模型类 Medicine 重新定义如下，我们看到这里使用了 MongoDB 中的@Document 和@Id 注解，分别用于指定该领域模型类映射到 MongoDB 中的 Document 以及指定 Id。

```
@Data
@AllArgsConstructor
@NoArgsConstructor
@Document
public class Medicine {
    @Id
    private String id;

    private String medicineCode;
    private String medicineName;
    private String description;
    private Float price;
}
```

有了领域模型类后，我们就可以定义 Repository 层组件 ReactiveMedicineRepository 接口，代码示例如下。

```
public interface ReactiveMedicineRepository
```

```
        extends ReactiveMongoRepository<Medicine, String> {

    Mono<Medicine> getByMedicineCode(String medicineCode);
}
```

ReactiveMedicineRepository 接口非常简单，继承了 Spring Data Reactive 提供的 ReactiveMongoRepository 接口，并提供了 getByMedicineCode()这一方法名衍生查询。

在案例中，我们希望在系统中存在一些初始化数据以便进行演示。可以通过 Spring Boot 中提供的 CommandLineRunner 组件实现数据初始化，代码如下。首先通过 MongoOperations.dropCollection()方法清空 Medicine 数据，然后插入两条 MedicineCode 为 Medicine001 和 Medicine002 的数据。最后调用 MongoOperations 的查询方法获取刚插入的数据并打印到控制台。

```
@Component
public class InitDatabase {
    @Bean
    CommandLineRunner init(MongoOperations operations) {
        return args -> {
            operations.dropCollection(Medicine.class);

            operations.insert(new Medicine("M_" + UUID.randomUUID()
                .toString(),"Medicine001", "MedicineName001",
                "New Medicine001", 100F));
            operations.insert(new Medicine("M_" + UUID.randomUUID()
                .toString(),"Medicine002", "MedicineName002",
                "New Medicine002", 200F));

            operations.findAll(Medicine.class).forEach(medicine -> {
                System.out.println(medicine.toString());
            });
        };
    }
}
```

执行以上代码，我们会在控制台中看到如下输出，代表数据初始化工作已经完成。

```
Medicine(id=M_e084334d-737d-4319-9ae8-e033e16a1275,
medicineCode=Medicine001, medicineName=MedicineName001, description=New
Medicine001, price=100.0)
Medicine(id=M_cf2bea83-72e6-40a5-81cb-75778834b904,
medicineCode=Medicine002, medicineName=MedicineName002, description=New
Medicine002, price=200.0)
```

（2）Card 服务的 MongoDB 改造

Card 服务的 MongoDB 改造过程与 Medicine 服务类似，首先重新定义 Card 领域模型，代码如下。

```
@Document
public class Card {

    @Id
    private String id;
    private String cardCode;
    private String cardName;
}
```

然后定义 Repository 层组件 ReactiveCardRepository 接口，代码如下。

```
public interface ReactiveCardRepository extends ReactiveMongoRepository<Card,
    String> {

}
```

最后，我们也希望对 Card 数据库有一些初始化数据，代码如下。

```
@Component
public class InitDatabase {
    @Bean
    CommandLineRunner init(MongoOperations operations) {
        return args -> {
            operations.dropCollection(Card.class);

            operations.insert(new Card("C_" + UUID.randomUUID()
                .toString(),"tianyalan1", "tianmin zheng1"));
            operations.insert(new Card("C_" + UUID.randomUUID()
                .toString(),"tianyalan2", "tianmin zheng2"));

            operations.findAll(Card.class).forEach(card -> {
                System.out.println(card.getId());
            });
        };
    }
}
```

（3）Order 服务的 MongoDB 改造

Order 服务的 MongoDB 改造不涉及数据初始化，所以只需要重新定义领域模型和实现 Repository 层组件，领域模型和 Repository 层组件的代码示例分别重新定义如下。

```
@Document
public class Prescription {

    @Id
    private String id;
    private Date createTime;
```

```java
    private String cardId;
    private String medicineCode;
}

public interface ReactivePrescriptionRepository extends
    ReactiveMongoRepository<Prescription, String> {

}
```

2. 更新基于 Redis 的响应式数据访问方式

在 PrescriptionSystem 案例中，我们通过 Redis 保存用户就诊卡的缓存信息，从而降低跨服务之间的调用频次来提升性能。在 8.2.4 节中使用了传统的非响应式的数据访问方式来实现对 Redis 缓存数据的更新和查询。下面同样需要更新基于 Redis 的响应式数据访问方式。

（1）初始化 Reactive Redis

首先需要在 Prescription 服务的启动类 PrescriptionApplication 中初始化 Reactive Redis 的运行条件，相关代码如下。

```java
@Bean
public ReactiveRedisConnectionFactory redisConnectionFactory() {
    return new LettuceConnectionFactory();
}

@Bean
ReactiveRedisTemplate<String, String>
    reactiveRedisTemplate(ReactiveRedisConnectionFactory factory) {
    return new ReactiveRedisTemplate<>(factory,
        RedisSerializationContext.string());
}

@Bean
ReactiveRedisTemplate<String, Card>
    redisOperations(ReactiveRedisConnectionFactory factory) {
    Jackson2JsonRedisSerializer<Card> serializer = new
        Jackson2JsonRedisSerializer<>(Card.class);

    RedisSerializationContext.RedisSerializationContextBuilder<String, Card>
        builder = RedisSerializationContext
            .newSerializationContext(new StringRedisSerializer());

    RedisSerializationContext<String, Card> context =
        builder.value(serializer).build();

    return new ReactiveRedisTemplate<>(factory, context);
}
```

这里使用了 LettuceConnectionFactory 作为 RedisConnection 的生产工厂。LettuceConnectionFactory 是 ReactiveRedisConnectionFactory 的一种实现类，支持响应式数据访问用法。然后，基于 LettuceConnectionFactory 构建了 ReactiveRedisTemplate 工具类用于实现对 Card 对象的响应式数据方式。

（2）构建 Reactive Redis Repository

与 4.4 节中介绍的自定义数据访问层接口一样，首先定义一个 Reactive Redis Repository 层组件 ReactiveCardRedisRepository，代码如下。注意到 ReactiveCardRedisRepository 接口中所有方法的返回值都是 Mono 类型的对象，这与 8.2.4 节中定义的 CardRedisRepository 有本质区别。

```java
public interface ReactiveCardRedisRepository {
    Mono<Boolean> saveCard(Card card);

    Mono<Boolean> updateCard(Card card);

    Mono<Boolean> deleteCard(String cardId);

    Mono<Card> findCardById(String cardId);
}
```

ReactiveCardRedisRepository 接口的实现类 ReactiveCardRedisRepositoryImpl 如下，这里充分利用了 ReactiveRedisTemplate 工具类的 opsForValue()方法对 Card 对象进行缓存操作。

```java
@Repository
public class ReactiveCardRedisRepositoryImpl implements
    ReactiveCardRedisRepository {

    @Autowired
    private ReactiveRedisTemplate<String, Card> reactiveRedisTemplate;

    private static final String HASH_NAME = "Card:";

    @Override
    public Mono<Boolean> saveCard(Card card) {
        return reactiveRedisTemplate.opsForValue().set(HASH_NAME +
            card.getId(), card);
    }

    @Override
    public Mono<Boolean> updateCard(Card card) {
        return reactiveRedisTemplate.opsForValue().set(HASH_NAME +
            card.getId(), card);
    }
```

```java
@Override
public Mono<Boolean> deleteCard(String cardId) {
    return reactiveRedisTemplate.opsForValue().delete(HASH_NAME +
        cardId);
}

@Override
public Mono<Card> findCardById(String cardId) {
    return reactiveRedisTemplate.opsForValue().get(HASH_NAME + cardId);
}
}
```

上述方法中传入的是 Card 实体对象，而返回的是 Mono<Card> 流式对象，ReactiveRedisTemplate 自动做了转换和处理。

8.3.3 更新事件通信方式

在 8.2 节介绍的传统微服务架构中，我们使用 Spring Cloud Stream 组件实现消息通信机制，本节将引入 Reactive Spring Cloud Stream 组件对案例进行响应式重构。在消息通信机制的实现上，Reactive Spring Cloud Stream 提供了不同的处理方式，这点在 Source 组件上体现得尤为明显。

1. 更新消息生产程序

在 PrescriptionSystem 案例中，充当消息生产者的是 Card 服务。首先在 Card 服务的 Bootstrap 类上添加 @EnableBinding(Source.class) 注解，然后构建 ReactiveCardChangeSource 组件来替换原来的 CardChangeSource 组件。

（1）生产消息

在构建 ReactiveCardChangeSource 组件的过程中，我们需要把相关知识点进行串联。在 2.3.1 节中介绍了通过 create() 方法和 FluxSink 对象来创建 Flux，FluxSink 对象能够通过 next() 方法持续产生多个元素。FluxSink 使用示例如下。

```java
Flux<Integer> flux = Flux.<Integer> create(fluxSink -> {
    while (true) {
        fluxSink.next(ThreadLocalRandom.current().nextInt());
    }
}, FluxSink.OverflowStrategy.BUFFER);
```

上述代码中指定了 FluxSink 的 OverflowStrategy 为 BUFFER，我们可以参考 2.5 节中的内容来回顾 Reactor 框架中的背压机制。

利用 FluxSink 可以构建出一个用于持续生成 CardChangedEvent 事件的 Flux 对象，示例代码如下。

```java
FluxSink<Message<CardChangedEvent>> eventSink;
```

```
Flux<Message<CardChangedEvent>> flux = Flux.<Message<CardChangedEvent>>
create(sink -> this.eventSink = sink).publish().autoConnect();
```

上述代码中,首先基于 CardChangedEvent 事件分别构建了 FluxSink 对象和 Flux 对象,并把两者关联起来。然后使用了 publish()和 autoConnect()方法确保一旦 FluxSink 产生数据,Flux 就准备随时进行发送。

接下来构建具体的 CardChangedEvent 对象,然后通过 FluxSink 的 next()方法进行数据的发送,代码如下。

```
CardChangedEvent originalEvent = new CardChangedEvent(
    CardChangedEvent.class.getTypeName(), operation, card);

Mono<CardChangedEvent> monoEvent = Mono.just(originalEvent);

monoEvent.map(event -> eventSink.next
    (MessageBuilder.withPayload(event).build())).then();
```

在上述代码中,我们还是通过 MessageBuilder.withPayload(event).build()方法构建了一个消息体对象,这是因为整个消息通信机制需要一套统一而抽象的消息定义。在 Spring Cloud Stream 中,这套统一而抽象的消息定义来自 Spring Integration。

(2)发送消息

一旦我们具备了一个能够持续生成消息的 Flux 对象,就可以通过 5.3.1 节中介绍的 @StreamEmitter 注解发送消息,示例代码如下。

```
@StreamEmitter
public void emit(@Output(Source.OUTPUT) FluxSender output) {
    output.send(this.flux);
}
```

这里用到了 FluxSender 工具类完成消息的发送,当然也可以使用 5.3.1 中介绍的直接返回 Flux 的方法来达到同样的效果。

(3)构建 ReactiveCardChangeSource 组件

完整的 ReactiveCardChangeSource 类代码如下,通过对消息发送过程进行提取,我们对外暴露了 publishReactiveCardUpdatedEvent()和 publishReactiveCardDeletedEvent()两个方法供业务系统进行使用。

```
@Component
public class ReactiveCardChangeSource {

    private static final Logger logger =
        LoggerFactory.getLogger(ReactiveCardChangeSource.class);

    private FluxSink<Message<CardChangedEvent>> eventSink;
```

```java
    private Flux<Message<CardChangedEvent>> flux;

    public ReactiveCardChangeSource() {
        this.flux = Flux.<Message<CardChangedEvent>>create(sink ->
            this.eventSink = sink).publish().autoConnect();
    }

    private Mono<Void> publishReactiveCardChange (String operation, Card
        card){
        logger.debug("Sending message for Card Id: {}", card.getId());

        CardChangedEvent originalEvent = new CardChangedEvent(
            CardChangedEvent.class.getTypeName(),
            operation,
            card);

        Mono<CardChangedEvent> monoEvent = Mono.just(originalEvent);

        return monoEvent.map(event ->
            eventSink.next(MessageBuilder.withPayload(event).build()))
                .then();
    }

    @StreamEmitter
    public void emit(@Output(Source.OUTPUT) FluxSender output) {
        output.send(this.flux);
    }

    public Mono<Void> publishReactiveCardUpdatedEvent(Card card) {
        return publishReactiveCardChange("UPDATE", card);
    }

    public Mono<Void> publishReactiveCardDeletedEvent(Card card) {
        return publishReactiveCardChange("DELETE", card);
    }
}
```

（4）使用 ReactiveCardChangeSource 组件

Card 服务中的 Service 组件 CardService 会在执行用户就诊卡更新操作的同时调用 ReactiveCardChangeSource 完成事件的生成和发送，CardService 类代码如下。

```java
@Service
public class CardService {
    @Autowired
    private ReactiveCardRepository reactiveCardRepository;

    @Autowired
    private ReactiveCardChangeSource reactiveCardChangeSource;

    public Mono<Card> getCardById(String cardId) {
```

```
        return reactiveCardRepository.findById(cardId);
    }

    public Mono<Card> saveCard(Card card){
        Mono<Card> saveCard = reactiveCardRepository.save(card);

        return saveCard;
    }

    public Mono<Void> updateCard(Card card){
        Mono<Card> saveCard = reactiveCardRepository.save(card);

        Mono<Void> updatedEvent = reactiveCardChangeSource
            .publishCardUpdatedEvent(card);

        return Mono.when(saveCard, updatedEvent);
    }

    public Mono<Void> deleteCard(Card card){
        Mono<Void> deleteCard = reactiveCardRepository
            .delete(card);

        Mono<Void> deletedEvent = reactiveCardChangeSource
            .publishCardDeletedEvent(card);

        return Mono.when(deleteCard, deletedEvent);
    }
}
```

上述代码中，我们使用了 2.4.3 节中介绍的 when 组合操作符，该操作符会确保针对用户就诊卡变更的数据库操作和事件发送操作一起完成之后方法才会返回。

（5）更新 Binder

下面将使用 RabbitMQ 来构建 Spring Cloud Stream 中的 Binder，所以需要在 application.yml 配置文件中添加如下配置项。相关配置项都已经在 5.3 节中介绍过，在此不再赘述。

```
spring:
  cloud:
    stream:
      bindings:
        default:
          content-type: application/json
          binder: rabbitmq
        output:
          group: card-group
          destination: card-destination
      binders:
        rabbitmq:
          type: rabbit
          environment:
```

```yaml
spring:
  rabbitmq:
    host: 127.0.0.1
    port: 5672
    username: guest
    password: guest
    virtual-host: /
```

2．更新消息消费程序

在 PrescriptionSystem 案例中，充当消息消费者的是 Prescription 服务。相较生产者程序而言，消费者程序需要更新的内容则比较简单，我们只需要重构消息处理组件 CardChangeHandler 以及对应的 Binder 定义。

（1）重构 CardChangeHandler

在 CardChangeHandler 中，我们仍然使用@StreamListener 注解来监听消息通道。一旦有消息到达，则调用 ReactiveCardRedisRepository 组件完成 Redis 缓存中数据的更新。完整的 CardChangeHandler 类代码如下。

```java
@EnableBinding(CardChangeChannel.class)
public class CardChangeHandler {

    @Autowired
    ReactiveCardRedisRepository reactiveCardRedisRepository;

    private static final Logger logger = LoggerFactory.getLogger(CardChange
        Handler.class);

    @StreamListener("inboundCardChanges")
    public void cardChangeSink(CardChangeModel cardChangeModel) {

        logger.debug("Received a message of type " +
            cardChangeModel.getType());
        logger.debug("Received a {} event from the account service for account
            id {}",
            cardChangeModel.getOperation(),
            cardChangeModel.getCard().getId());

        System.out.println("Received a message of type " +
            cardChangeModel.getType());

        if(cardChangeModel.getOperation().equals("UPDATE")) {
            reactiveCardRedisRepository.updateCard(
                cardChangeModel.getCard());
        } else if(cardChangeModel.getOperation().equals("DELETE")){
            reactiveCardRedisRepository
                .deleteCard(cardChangeModel.getCard().getId());
        } else {
            logger.error("Received an UNKNOWN event from the account service
                of type {}", cardChangeModel.getType());
```

        }
    }
}

（2）更新 Binder

Prescription 服务作为事件消费者，我们同样更新 Binder 并添加如下配置项。

```
spring:
  cloud:
    stream:
      bindings:
        default:
          content-type: application/json
          binder: rabbitmq
        inboundCardChanges:
          group: card-group
          destination: card-destination
      binders:
        rabbitmq:
          type: rabbit
          environment:
            spring:
              rabbitmq:
                host: 127.0.0.1
                port: 5672
                username: guest
                password: guest
                virtual-host: /
```

以上配置信息中的"inboundCardChanges"即为自定义的消息输入通道，其他配置项需要与生产者的配置信息保持一致。

8.3.4 更新服务调用方式

为了更新服务调用方式，首先需要改造服务提供者以实现响应式服务端点，涉及 Medicine 服务和 Card 服务这两个业务服务。

1. 构建响应式服务端点

（1）构建 MedicineController

MedicineController 类代码如下，我们看到这里只是注入了 MedicineService 类，并简单调用了该类所提供的各种方法。

```
@RestController
public class MedicineController {

    @Autowired
    MedicineService medicineService;
```

```java
@DeleteMapping("/v1/medicines/{medicineId}")
public Mono<Void> deleteMedicine(@PathVariable String medicineId) {

    Mono<Void> result = medicineService.deleteMedicineById(medicineId);
    return result;
}

@GetMapping("/v1/medicines/{medicineCode}")
public Mono<Medicine> getMedicine(@PathVariable String medicineCode) {

    Mono<Medicine> medicine =
        medicineService.getMedicineByCode(medicineCode);
    return medicine;
}
}
```

我们再来看 MedicineService，MedicineService 类的代码如下，该类封装了对 Reactive MedicineRepository 的调用。

```java
@Service
public class MedicineService {

    @Autowired
    private ReactiveMedicineRepository reactiveMedicineRepository;

    @Autowired
    private Tracer tracer;

    @Autowired
    private MeterRegistry meterRegistry;

    public Mono<Medicine> getMedicineByCode(String medicineCode) {

        Span newSpan = tracer.createSpan("getMedicineByCode");

        try {
            return reactiveMedicineRepository
                .getByMedicineCode(medicineCode);
        }
        finally{
            newSpan.tag("peer.service", "database");
            newSpan.logEvent(org.springframework.cloud.sleuth.Span
                .CLIENT_RECV);
            tracer.close(newSpan);
        }
    }
```

第 8 章　响应式微服务架构演进案例分析

```
public Mono<Void> deleteMedicineById(String id) {
    Mono<Void> deleteMedicine =
        reactiveMedicineRepository.deleteById(id);

    Mono<Void> countDeletedMedicine = Mono.fromRunnable(() -> {
        meterRegistry.summary("medicines.deleted.count").record(1);
    });

    return Mono.when(deleteMedicine, countDeletedMedicine);
}
}
```

在 MedicineService 中，我们继续使用 Tracer 工具类来完成自定义服务访问链路的构建。可以通过 Zipkin 来观察自定义的"getMedicineByCode"，图 8-6 展示了从 Zipkin 中获取的这一 Span 的明细界面。

图 8-6　Zipkin 中"getMedicineByCode"的 Span 明细图

基于图 8-6，我们发现在执行 MedicineService 的 getMedicineByCode()方法时有 1.206ms 消耗在访问 MongoDB 数据库以获取商品数据的过程中。同样可以通过 Zipkin 获取"getMedicineByCode" Span 的所有原始数据，如下所示。

```
{
    "traceId":"5862a17bb2c2d74c",
```

```
            "parentId":"5862a17bb2c2d74c",
            "id":"00fe6ec10eb5f480",
            "kind":"CLIENT",
            "name":"getmedicinebycode",
            "timestamp":1548564061531000,
            "duration":1206,
            "localEndpoint":{
                "serviceName":"medicineservice",
                "ipv4":"192.168.1.205",
                "port":8081
            },
            "annotations":[
                {
                    "timestamp":1548564061532000,
                    "value":"cr"
                }
            ],
            "tags":{
                "peer.service":"database",
                "spring.instance_id":"LAPTOP-EQB59J5P:medicineservice:8081"
            }
        }
```

另一方面，在 MedicineService 中也引入了 MeterRegistry 类实现运行时的数据统计。我们在 3.1.3 节中介绍了自定义扩展 Metrics 端点的方法，可以使用 CounterService、GaugeService 等 Spring Boot 自带的工具类来实现自定义 Metrics 端点。而这里介绍的 MeterRegistry 则是另外一种更简单的方法。在上述代码中，我们通过 MeterRegistry 实现了每一次删除 Medicine 时自动添加一个计数的功能。现在访问 application/metrics/medicines.deleted.count 端点，就能看到如下随着服务调用不断递增的度量信息。

```
{
    "name":" medicines.deleted.count ",
    "measurements":[
        {
            "statistic":"Count",
            "value":1
        },
        {
            "statistic":"Total",
            "value":19
        }
    ]
}
```

我们通过 Postman 访问端点 http://localhost:5555/medicine/v1/medicines/Medicine001，就可

以得到该端点的响应结果,如图 8-7 所示。

图 8-7 Medicine 服务端点访问示意图

(2)构建 CardController

CardController 类代码如下,这里同样只是注入了 CardService 类,并简单调用了该类所提供的各种方法。

```
@RestController
public class CardController {
    @Autowired
    private CardService cardService;

    private static final Logger logger =
        LoggerFactory.getLogger(CardController.class);

    @GetMapping("/v1/cards/{cardId}")
    public Mono<Card> getCard(@PathVariable("cardId") String cardId) {
        Mono<Card> card = cardService.getCardById(cardId);
        return card;
    }

    @PutMapping("/v1/cards")
    public Mono<Void> updateCard(@RequestBody Card card) {
        return cardService.updateCard(card);
    }

    @PostMapping("/v1/cards")
    public Mono<Void> saveCard(@RequestBody Card card) {
        return cardService.updateCard(card);
```

```
    }

    @DeleteMapping("/v1/cards/{cardId}")
    @ResponseStatus(HttpStatus.NO_CONTENT)
    public Mono<Void> deleteCard(@PathVariable("cardId") String cardId) {
        Card card = new Card();
        card.setId(cardId);

        return cardService.deleteCard(card);
    }
}
```

我们已经在 8.3.2 节中给出了 CardService 类的完整代码，这里不再赘述。

2．构建响应式服务调用客户端

在 PrescriptionSystem 中，Prescription 服务是 Medicine 服务和 Card 服务的消费者，我们需要使用响应式处理方式来改造 Prescription 服务与其他两个服务之间的交互方式。

（1）初始化 WebClient

为了实现服务之间的响应式交互，首先需要构建支持响应式流处理的 WebClient 组件。为此，我们在 PrescriptionApplication 类中添加如下代码。

```
@SpringCloudApplication
@EnableBinding(Sink.class)
public class PrescriptionApplication{

    @Bean
    @LoadBalanced
    public WebClient.Builder loadBalancedWebClientBuilder() {
        return WebClient.builder();
    }
}
```

上述代码中，使用@LoadBalanced 注解来修饰 WebClient 对象，确保其具备客户端自动负载均衡能力。

（2）构建 ReactiveClient

首先构建 ReactiveMedicineClient 类，它是 MedicineClient 类的升级版，使用 WebClient 来实现对 Medicine 服务的远程访问，代码如下。

```
@Component
public class ReactiveMedicineClient {

    private static final Logger logger =
            LoggerFactory.getLogger(ReactiveMedicineClient.class);

    public Mono<Medicine> getMedicine(String medicineCode) {
```

```
        logger.debug("Get medicine from remote: {}", medicineCode);

        Mono<Medicine> medicineMono = WebClient.create()
            .get()
            .uri("http://localhost:5555/medicine/v1/medicines/
                {medicineCode}", medicineCode)
            .retrieve()
            .bodyToMono(Medicine.class).log("getMedicineFromRemote");

        return medicineMono;
    }
}
```

ReactiveMedicineClient 类代码结构比较简单,直接使用 WebClient 访问出服务网关提供的端点地址即可。而 ReactiveCardClient 类则比较复杂,因为涉及与 Redis 缓存进行交互。

ReactiveCardClient 类中最重要的 getCard()方法代码如下。从工作流程上,我们先根据传入的 cardId 试图从 Redis 缓存中获取 Card 对象,如果缓存中不存在该 cardId 对应的 Card 对象,则再次尝试通过远程调用的方式从 Card 服务中获取数据。

```
public Mono<Card> getCard(String cardId){
    logger.debug("Get card from remote: {}", cardId);

    Mono<Card> cardMonoFromCache = getCardFromCache(cardId);

    Mono<Card> cardMono = cardMonoFromCache.switchIfEmpty(
        getCardFromRemote (cardId));

    return cardMono;
}
```

注意,这里使用了 Reactor 框架提供的 switchIfEmpty 操作符在从缓存中获取的 Mono 对象为空时,自动使用 getCardFromRemote()方法所返回的数据序列来代替返回值。显然,getCardFromRemote()方法应该从远程的 Card 服务中获取数据。和 ReactiveMedicineClient 一样,我们通过 WebClient 实现这一目标,代码如下。

```
private Mono<Card> getCardFromRemote(String cardId) {
    Mono<Card> cardMonoFromRemote = WebClient.create()
        .get()
        .uri("http://localhost:5555/card/v1/cards/{cardId}", cardId)
        .retrieve()
        .bodyToMono(Card.class).log("getCardFromRemote");

    return cardMonoFromRemote;
}
```

另一方面，如果我们从远程的 Card 服务中获取了有效的 Card 信息，就应该把它存入 Redis 缓存，以避免重复使用远程调用。ReactiveCardClient 类的完整代码如下，对涉及远程服务调用和 Redis 缓存访问进行了响应式改造。

```java
@Component
public class ReactiveCardClient {

    private static final Logger logger =
        LoggerFactory.getLogger(ReactiveCardClient.class);

    @Autowired
    ReactiveCardRedisRepository cardReactiveRedisRepository;

    private Mono<Card> getCardFromCache(String cardId) {
        logger.info("Get card from redis: {}", cardId);

        return cardReactiveRedisRepository.findCardById(cardId);
    }

    private void putCardIntoCache(Card card) {
        logger.info("Put card into redis: {}", card.getId());

        cardReactiveRedisRepository.saveCard(card);
    }

    public Mono<Card> getCard(String cardId){
        logger.debug("Get card from remote: {}", cardId);

        Mono<Card> cardMonoFromCache = getCardFromCache(cardId);

        Mono<Card> cardMono = cardMonoFromCache.switchIfEmpty(
            getCardFromRemote(cardId));

        return cardMono;
    }

    private Mono<Card> getCardFromRemote(String cardId) {
        Mono<Card> cardMonoFromRemote = WebClient.create().get()
            .uri("http://localhost:5555/card/v1/cards/{cardId}", cardId)
            .retrieve()
            .bodyToMono(Card.class).log("getCardFromRemote");

        cardMonoFromRemote.flatMap(card -> {
            if(card != null) {
                putCardIntoCache(card);
            }
```

```
            return Mono.just(card);
        });
            
        return cardMonoFromRemote;
    }
}
```

上述代码演示了如何使用 2.4.1 节中介绍的 flatMap 操作符完成对 Mono 的处理，根据 Mono<Card>对象中的 Card 信息来判断是否需要将它放入到缓存中。

（3）使用 ReactiveClient

在 PrescriptionService 类中，分别使用了 ReactiveMedicineClient 类和 ReactiveCardClient 类重构远程访问过程。PrescriptionService 类中的核心代码是 addPrescription()方法，重构后的代码如下：

```
public Mono<Prescription> addPrescription(String cardId, String medicineCode)
{
    logger.debug("add prescription with card: {} and medicine: {}", cardId,
        medicineCode);
        
    Prescription prescription = new Prescription();
    prescription.setId("P_" + UUID.randomUUID().toString());
    
    Mono<Medicine> medicine = getMedicine(medicineCode);
    medicine.flatMap( m -> {
        if(m != null) {
            logger.debug("get medicine: {} is successful", medicineCode);
            
            prescription.setMedicineCode(medicineCode);
            prescription.setMedicineName(m.getMedicineName());
        }
        
        return Mono.just(m);
    }).block();
    
    Mono<Card> card = getCard(cardId);
    card.flatMap( c -> {
        if(c != null) {
            logger.debug("get card: {} is successful", cardId);
            
            prescription.setCardId(cardId);
            prescription.setCardName(c.getCardName());
        }
        
        return Mono.just(c);
```

```java
        }).block();
        
        if(prescription.getCardId() == null 
            || prescription.getMedicineCode() == null) {
            return Mono.empty();
        }
        
        prescription.setCreateTime(new Date());
        
        Mono<Prescription> savedPrescription = reactivePrescriptionRepository
            .save(prescription).log("savePrescription");
        
        return savedPrescription;
}
```

在上述代码中可以看到，分别使用了 getMedicine()和 getCard()方法获取远程的 Medicine 和 Card 对象信息。这里再一次灵活应用了 flatMap 操作符对新创建的 Prescription 对象进行属性的赋值，并最终将 Prescription 对象进行持久化操作。

完整的 PrescriptionService 类代码如下，我们基于 Hystrix 分别对远程访问方法和本地数据库访问方法添加了服务熔断机制。

```java
@Service
public class PrescriptionService {
    
    @Autowired
    private ReactivePrescriptionRepository reactivePrescriptionRepository;
    
    @Autowired
    private ReactiveMedicineClient medicineClient;
    
    @Autowired
    private ReactiveCardClient cardClient;
    
    private static final Logger logger = 
        LoggerFactory.getLogger(PrescriptionService.class);
    
    @HystrixCommand
    private Mono<Card> getCard(String cardId) {
        
        return cardClient.getCard(cardId);
    }
    
    @HystrixCommand
```

```java
    private Mono<Medicine> getMedicine(String medicineCode) {
        return medicineClient.getMedicine(medicineCode);
    }

    public Mono<Prescription> addPrescription(String cardId,
        String medicineCode) {
        logger.debug("add prescription with card: {} and medicine: {}",
            cardId, medicineCode);

        Prescription prescription = new Prescription();
        prescription.setId("P_" + UUID.randomUUID().toString());

        Mono<Medicine> medicine = getMedicine(medicineCode);
        medicine.flatMap( m -> {
            if(m != null) {
                logger.debug("get medicine: {} is successful", medicineCode);

                prescription.setMedicineCode(medicineCode);
                prescription.setMedicineName(m.getMedicineName());
            }

            return Mono.just(m);
        }).block();

        Mono<Card> card = getCard(cardId);
        card.flatMap( c -> {
            if(c != null) {
                logger.debug("get card: {} is successful", cardId);

                prescription.setCardId(cardId);
                prescription.setCardName(c.getCardName());
            }

            return Mono.just(c);
        }).block();

        if(prescription.getCardId() == null
            || prescription.getMedicineCode() == null) {
            return Mono.empty();
        }
```

```java
    prescription.setCreateTime(new Date());

    Mono<Prescription> savedPrescription =
        reactivePrescriptionRepository.save(prescription)
        .log("savePrescription");

    return savedPrescription;
}

@HystrixCommand(fallbackMethod = "getPrescriptionsFallback")
public Flux<Prescription> getPrescriptions() {
    return reactivePrescriptionRepository.findAll();
}

@SuppressWarnings("unused")
private Flux<Prescription> getPrescriptionsFallback() {
    List<Prescription> fallbackList = new ArrayList<>();

    Prescription prescription = new Prescription();
    prescription.setId("InvalidPrescriptionId");
    prescription.setCardId("InvalidCardId" );
    prescription.setMedicineCode("InvalidMedicineCode");
    prescription.setCreateTime(new Date());
    fallbackList.add(prescription);

    return Flux.fromIterable(fallbackList);
}

@HystrixCommand(fallbackMethod = "getPrescriptionFallback")
public Mono<Prescription> getPrescriptionById(String id) {
    return reactivePrescriptionRepository.findById(id);
}

@SuppressWarnings("unused")
private Mono<Prescription> getPrescriptionFallback(String id) {

    Prescription prescription = new Prescription();
    prescription.setId(id);
    prescription.setCardId("InvalidCardId" );
    prescription.setMedicineCode("InvalidMedicineCode");
    prescription.setCreateTime(new Date());
```

```
        return Mono.just(prescription);
    }
}
```

最后,构建 PrescriptionController 类,代码如下。

```
@RestController
public class PrescriptionController {

    @Autowired
    private PrescriptionService prescriptionService;

    @PostMapping("/v1/prescriptions/{cardId}/{medicineCode}")
    public Mono<Prescription> savePrescription(
        @PathVariable("cardId") String cardId,
        @PathVariable("medicineCode") String medicineCode) {
        Mono<Prescription> prescription =
            prescriptionService
            .addPrescription(cardId, medicineCode);

        return prescription;
    }

    @GetMapping("/v1/prescriptions/{id}")
    public Mono<Prescription> getPrescription(@PathVariable String id) {
        Mono<Prescription> prescription =
            prescriptionService.getPrescriptionById(id);

        return prescription;
    }

    @GetMapping("/v1/prescriptions")
    public Flux<Prescription> getPrescriptionList() {
        Flux<Prescription> prescriptionServices =
            prescriptionService.getPrescriptions();

        return prescriptionServices;
    }
}
```

现在我们访问 PrescriptionController 中的 "/v1/prescriptions/{cardId}/{medicineCode}" 端点,会得到如图 8-8 所示的结果。

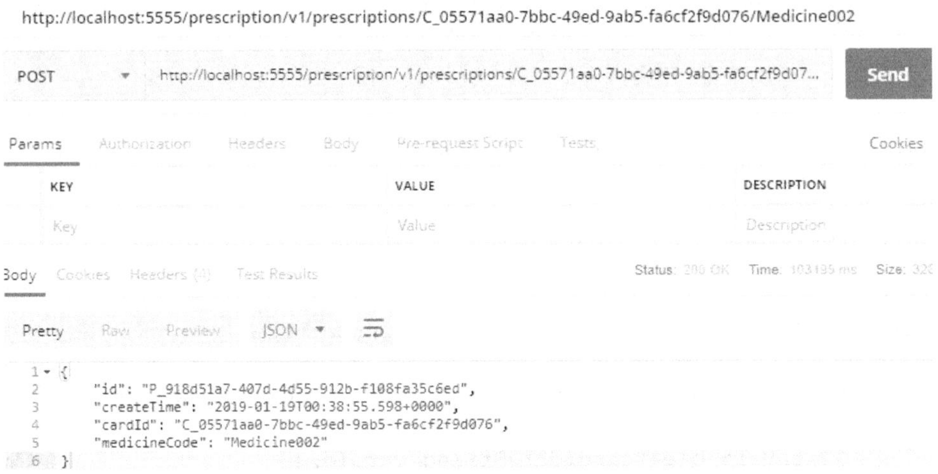

```
http://localhost:5555/prescription/v1/prescriptions/C_05571aa0-7bbc-49ed-9ab5-fa6cf2f9d076/Medicine002
```

```
POST    http://localhost:5555/prescription/v1/prescriptions/C_05571aa0-7bbc-49ed-9ab5-fa6cf2f9d07...   Send

Params   Authorization   Headers   Body   Pre-request Script   Tests                                Cookies
KEY                            VALUE                              DESCRIPTION
Key                            Value                              Description

Body  Cookies  Headers (4)  Test Results               Status: 200 OK   Time: 103195 ms   Size: 32B

Pretty   Raw   Preview   JSON
1 ▾ {
2       "id": "P_918d51a7-407d-4d55-912b-f108fa35c6ed",
3       "createTime": "2019-01-19T00:38:55.598+0000",
4       "cardId": "C_05571aa0-7bbc-49ed-9ab5-fa6cf2f9d076",
5       "medicineCode": "Medicine002"
6   }
```

图 8-8　Prescription 服务端点访问示意图

注意，在整个执行过程中，我们在 PrescriptionService 中的 addPrescription() 方法添加了几处 log() 方法，以下日志展示了执行过程中产生的数据流日志信息（为了显示，省略了部分无用信息）。

```
[nio-8083-exec-3] getMedicine: | onContextUpdate(Context1{class brave.Span=NoopSpan(05c980633ab7eb8f/05c980633ab7eb8f)})
[nio-8083-exec-3] getMedicine: | onContextUpdate(Context1{class brave.Span=NoopSpan(05c980633ab7eb8f/05c980633ab7eb8f)})
[nio-8083-exec-3] getMedicineFromRemote: | onContextUpdate(Context1{class brave.Span=NoopSpan(05c980633ab7eb8f/05c980633ab7eb8f)})
[nio-8083-exec-3] getMedicineFromRemote: | onContextUpdate(Context1{class brave.Span=NoopSpan(05c980633ab7eb8f/05c980633ab7eb8f)})
[nio-8083-exec-3] getMedicineFromRemote: | onSubscribe([Fuseable] ScopePassingSpanSubscriber)
[nio-8083-exec-3] getMedicine : | onSubscribe([Fuseable] ScopePassingSpanSubscriber)
[nio-8083-exec-3] getMedicine : | request(unbounded)
[nio-8083-exec-3] getMedicineFromRemote : | request(unbounded)
[ctor-http-nio-4] getMedicineFromRemote : | onNext(com.tianyalan.prescriptions.model.Medicine@62e3d637)
[ctor-http-nio-4] getMedicine : | onNext(com.tianyalan.prescriptions.model.Medicine@62e3d637)
[ctor-http-nio-4] getMedicineFromRemote : | onComplete()
[ctor-http-nio-4] getMedicine : | onComplete()
[nio-8083-exec-3] c.t.p.clients.ReactiveCardClient : Get card from redis: C_74871922-d1b6-4e19-826c-094aeff95aa9
[nio-8083-exec-3] getCard : onContextUpdate(Context1{class brave.Span=NoopSpan(05c980633ab7eb8f/05c980633ab7eb8f)})
[nio-8083-exec-3]   getCard  :  onContextUpdate(Context1{class  brave.Span=
```